KB096234

솔직한 식품

솔직한 식품

식품학자가 말하는 과학적으로 먹고 살기

이한승 지음

창비

식품에 대해 가장 잘 아는 사람은 누구일까? 최고급 호텔 출신의 셰프? 어떤 재료든 딱 보면 단번에 아는 농부나 어부? 맛집 찾아 삼만리를 불사하는 맛집 블로거? 입에 넣어보면 조미료가 들어갔는지 아닌지 구별할 수 있는 맛 칼럼니스트? 국내 최고 대학의 식품공학과나 식품영양학과 교수? 「무엇이든 물어보세요」에 단골 출연하는 의사? 세계 최고 저널에 논문을 발표한 과학자?

이 사람들이 함께 유명한 대하구이 전문점에 갔다. 그 식당 벽에는 '대하가 몸에 좋은 이유'가 장황하게 적혀 있었다. 그걸 본 식품영양학과 교수가 말을 꺼낸다. "대하가 꼭 몸에 좋은 것만은 아니죠. 대하에 콜레스테롤 많은 거 아시죠?" 그러자 방송에 자주 출연하는 의사가 한마디 한다. "콜레스테롤은 먹는 것보다 몸에서 만들어지는 게 더 문제예요." 그때 듣고 있던 어부가 갑자기 끼어든다. "그런데 이건 우리나라에서 잡히는 대하가 아니라 흰다리새우네요." 그러자 생물학자는 "대하인지 흰다리새우인지 제대로 구별하려면 형태학적으로만 볼 게 아니라 DNA를 분석해서 분자생물학적 수준에서 판단해야 합니다" 하고 지식을 뽐낸다. 맛 칼럼니스트가 "대하는 역시 소금구이인데, 이 집 소금은 좋은 천일염이 아닌 것 같군요"라며 화제를 돌리자 호텔 셰프가 반론한다. "대하를 구워 먹으면 수분이 빠지고 육질이 단단해져서 맛이 없어요. 그보다 좋은 소스와 채소를 곁들여서 볶으면 아주 좋은 요리가 되죠." 그러자 맛집 블로거가 "이 집은 국산 대하도 아니고 질 나쁜 천일염을 쓰는 것 같으니까 제가 더 좋은 맛집으로 안내하겠습니다" 하며 일행을 데리고 나오는데 식품공학과 교수가 뒤를 돌아보며 혼잣말을 한다. "여기서 버리는 대하 껍질을 모아서 키토산을 만들면 좋을 텐데……"

물론 이 이야기는 허구다. 하지만 이 이야기에서 우리는 식품에 접근하는 방식에 따라 다양한 갈래의 정보가 생성된다는 것을 알 수 있다. 이렇듯 식품은 어부에서 학자까지, 자취인부터 식품 업계 종사자까지, 다양한 사람들이 매일 접하고, 여러 측면에서 관심을 갖고, 각자의 입장에서 이야기할 수 있는 주제다. 식품에 대한 정보가 우리 주변에 차고 넘치는 이유다.

과거 부산MBC의 한 라디오 프로그램에 2년 동안 게스트로 출연한 적이 있다. 식품과 관련된 상식과 과학에 대해 이야기하는 코너였다. 매주 20분짜리 방송을 위해 엄청난 시간을 들여 논문 한편을 쓸 정도의 자료를 뒤졌다. 하지만 애써 찾은 자료의 출처를 확인해보면 신뢰도가 떨어지는 것이 대부분이었다. 과장된 책, 보도자료를 그대로 베낀 신문기사, 선정적인 오전 시간대 정보프로그램이나 소비자 고발 방송이 대부분이었다. 내용도 앞뒤는 다

자르고 과연 이렇게까지 단순화해도 되는지 의아할 정도였다.

그때 식품에 대해 우리가 애써 이야기하지 않는 것들이 있다는 사실을 깨달았다. 어떤 부분은 강조되지만 다른 부분은 무시되고 있었다. 엉뚱한 내용이 사실로 둔갑하기도 하고 위험이 과장되거나 축소되기도 했다. 이른바 잘못된 식품 정보의 문제다. 이래서는 어느 누구에게도 도움이 되지 않는다. 지금의 혼란스러운 식품 담론에 대해 누군가 한마디는 해야 한다고 생각했다. 하지만 막상 책을 쓰자니 고민이 많았다. 식품에 관한 책은 이미 포화상태라고 할 만큼 많다. 과연 거기에 더할 이야기가 있을까 싶었다. 그러나 식품 정보의 문제점을 극복하기 위해서는 과학자의 관점에서 큰 원칙을 이야기할 필요가 있을 것 같았다.

이 책은 우리가 식품에 대해 이야기할 때 기본적으로, 그리고 과학적으로 생각해봐야 하는 것들을 정리하고자 노력한 결과물이다. 어쩌면 너무나 당연하고 뻔한 이야기일 수도 있으나 그만큼 쉽게 간과되는 것이기도 하다. 훌륭한 연구자들은 책을 쓸 시간에 자신의 연구에 몰두한다. 그 와중에 세간에서는 이런저런 잘못된 식품 정보들이 아무런 거리낌 없이, 부끄러움 없이 떠돌고 있다. 훌륭한 연구자들이 미처 하지 못하는 일을 이 책을 통해 좀 더 쉽게 알릴 수 있다면 다행이고 보람이지 않을까 생각한다.

인터넷에 온갖 잡글을 뿌려놓은 지는 오래되었지만 2017년 3월은 지금의 블로그에 본격적으로 글을 쓴 지 정확하게 만 10년이 되는 해이다. 그동안 블로그를 찾아와 격려해준 모든 이들께 감사드린다. 트위터와 페이스북에서 격려와 깨달음을 주신 분들과 여러 책과 논문의 저자들께도 감사의 마음을 전하고 싶다.

과거 『경향신문』 과학 칼럼과 부산MBC에서의 경험이 없었으면 이 책은 나오지 않았을 수도 있다. 나를 이 길로 밀어넣은 임소정 기자님, 나보다 식품에 대해 더 잘 아는 친구 박성환 교수에게 특별히 감사하며, 함께 방송을 진행하며 격려해준 이국환 교수, 옥미나 선생, 유정미 피디, 이남미 리포터, 구인혜 디제이, 안희성 아나운서에게도 감사의 말을 전하고 싶다. 무엇보다 구슬이 서말이라도 꿰어야 보배인데 쉬운 잡글과 어려운 논문 수준의 다양한 구슬을 멋지게 엮어준 창비 편집부에도 감사드린다. 아울러 멋진 일러스트를 그려주신 이우일 작가님께도 감사의 말씀을 올리고 싶다.

끝으로 항상 남편이 가는 길을 응원해주고 막판 교정까지 도와준 아내 오주은과, 아빠가 음식에 대해 이야기할 때마다 열내지 말라고 화를 식혀준 두 딸 하은이와 하진이, 누구보다 사위 걱정을 많이 해주시는 장인, 장모님께 감사드리며, 아직도 아들에게 줄 책을 사서 저자들 사인 받아 보내주시는 어머니 윤경자 여사께 이 작은 책을 바친다.

2017년 3월
이한승

9
식품 연구에 속지 않는 법
193

결론 · 건강한 삶을 위하여: 불신은 영혼을 잠식한다
223

악당 식품 만들기

식품은 사람을 살린다

먹지 않으면 죽는다. 그래서 우리는 매일 먹는다. 그것도 보통 하루에 세차례 이상 먹는다. 끼니뿐 아니라 간식도 먹고 야식도 먹는다. 틈틈이 물도 마시고 우유나 커피나 차도 마신다. 몸에 좋지 않다는 술도 마시고 술을 깨기 위해 해장도 한다. 개인의 삶뿐 아니라 사회적 생활을 위해서도 먹고 마신다. 사람은 혼자 있을 때보다 여럿이 있을 때 더 먹는다. 한 연구에 따르면 대학생들은 여럿이 함께 식사하는 것을 더 선호하고, 여럿이 함께 먹을 때 더 많이 더 다양하게 먹는다고 한다.[1] 살을 빼려면 회식과 모임을 없애야 한다는 주장이 나오는 것도 이 때문이다.

인간의 기본 욕구로 꼽히는 것 가운데서 식욕이 빠지는 경우는 없다. 식위민천食爲民天, 곧 백성에게 밥은 하늘이라고 했다. '밥 먹었느냐'고 묻는 것은 상대방이 잘 지내는지 묻는 우리만의 인사법이다. '밥값을 하라'는 말은 제대로 살라는 뜻이다. '밥벌이'란 곧 직업을 뜻한다. '다 먹고살자고 하는 짓'이라는 말에서는 생존을 위해 인간의 존엄성마저 버릴 수 있다는 섬뜩함이 엿보인다. 성경에는 "일하기 싫어하거든 먹지도 말게 하라"라는 구절이 있다. 먹지 못하게 하는 것은 엄청난 형벌이다. 심지어 사형수도 밥을 굶기진 않는다. 과거에도 그랬고 현재도 그렇고 미래에도 그럴 것이다. 이렇듯 사람을 죽이고 살리는 것이 음식이요, 식품이다. 사람들은 의약품이 사람을 살린다고 믿지만, 의약품은 '환자'를 살리고 식품은 '사람'을 살린다. 식품은 유익하고 위대하다. 범죄자가 있다고 하여 인간이 보잘것없는 존재가 아니듯, 불량식품이 있다고 식품의 위대함을 잊어서는 안 된다.

산업화 시기를 거치면서 인간은 위생에 대한 개념을 배우고 제대로 조리하는 법을 익혔다. 그 과정에서 여러가지 시행착오를 겪기도 했다. 먹어도 된다고 생각했는데 몸에 나쁘다고 판명난 것도 있고, 의도적으로 못 먹을 것으로 '불량식품'을 만들기도 했다. 과거 개인이나 가족 단위로 직접 마련해 먹었던 '음식'은 상품으로서의 '식품'이 되었고, 거대자본이 움직이는 식품회사가 생겨났다.

생활방식이 바뀌면서 먹는 방식도 바뀌었다. 과거에는 생각지도 못했던 비만과 고혈압, 당뇨 같은 성인병이 인간을 괴롭히기 시작했다. 주로 노인들에게 발생한다고 해서 '노인병'이라 불렸던 이러한 질병은 이제 중년은 물론이고 젊은이와 어린이에게까지 퍼져가고 있다. 최근에는 성인병을 생활습관병 life style disease 이라고 부르기 시작했다. 이 질병이 잘못된 생활습관과 관련이 있다고 여겨지기 때문이다. 그중에서도 사람들이 가장 쉽게 떠올리는 원인은 먹거리다. 현대 식품산업에 대한 다양한 비판이 제기되고 새로운 성찰이 이루어졌다. 정신적 건강을 생각하는 웰빙 well-being 이나 공동체의 지속가능성을 염두에 두는 로하스 LOHAS, lifestyle of health and sustainability 같은 개념도 생겨났다. 이러한 성찰은 분명 우리 삶에 긍정적인 영향을 주었다.

그렇다고 특정 식품을 의심의 눈으로만 바라보거나 마치 독극물처럼 생각하는 것은 바람직하지 않다. 식품은 다면적이기 때문이다. 인간을 선인과 악인으로 쉽게 나누기 어렵듯, 어떤 식품을 좋은 식품과 나쁜 식품으로 가르는 것은 어렵고도 불필요한 일이다. 하지만 인간은 '나쁜 것'을 규정할 때 옳은 일을 한다고 믿는 법이라 자꾸 나쁜 식품을 규정하려 든다. 넘어서야 할 이분법이다.

나쁜 식품은 있는가?

몸에 좋지 않은 식품의 대표로 꼽히는 삼백식품 三白食品 이라는 것이 있다. 건강 관련 방송에서 삼백식품을 줄이라는 조언을 흔히 들을 수 있지만 정작 삼백식품의 정확한 뜻을 아는 사람은 거의 없다. 대중적으로 통용되는 말일 뿐 식품학적으로 정의된 용어가 아니기 때문이다. 일반적으로 삼백식품이라고 하면 '희고 정제된, 몸에 나쁜 세가지 식품'을 말하는데, 서양에서는 주로 밀가루·설탕·소금·우유 가운데 세가지를, 밀보다 쌀을 더 많이 먹는 동양에서는 백미와 화학조미료를 더해 그중 세가지를 자의적으로 일컫는다.

그런데 삼백식품은 정말로 나쁜 식품일까? 몇년 전 한창 인기를 끌던 텔레비전 프로그램 「무릎팍도사」에 월드비전 긴급구호 팀장이었던 한비야씨가 출현한 적이 있다. 당시 그가 영양실조로 죽어가는 아이들을 살리는 장면은 많은 이들에게 감동을 주었고, 방송 출연 후 한비야씨는 여자 대학생 롤모델 1위에 오를 정도의 유명인사가 되었다. 같은 조사에서 남자 대학생 롤모델 1위가 무려 이순신 장군이었으니 그 인기가 얼마나 대단했는지 알 수 있다. 그런데 그가 죽어가는 아프리카의 어린아이들에게 먹인 음식은 무엇이었을까? 바로 밀가루, 설탕, 소금, 옥수수가루, 콩가루를 섞어서 만든 영양죽이었다. 끓기만 하면 백가지 병을 고친다는 밀가루,[2] 마약보다 해롭다는 설탕,[3] 전세계적으로 소비 줄이기 운동을 벌이고 있는 소금, 유전자변형작물의 대명사인 옥수수와 콩으로 만든 영양죽으로 아이를 살린다는 이야기를 들었을 때의 묘한 기분을 잊을 수가 없다. 사실 영양학적 관점에서 이 영양죽은 매우 훌륭한 식품이다. 가장 이용하기 쉬운 에너지원인 탄수화물로 된 밀가루, 당류인 설탕, 가장 중요한 미네랄인 나트륨으로 이루어진 소금, 탄수화물은 물론 지방과 폴리페놀이 많은 옥수수, 거기에 지방과 단백질이 많은 콩까지 섞었으니 각종 영양소가 나무랄 데 없이 고르게 포함돼 있다. 영양실조인 아이에게 먹이면 며칠 만에 기운을 차리고 눈이 똘망똘망해질 수밖에 없다.

그런데 왜 어떤 사람들은 밀가루 등 삼백식품을 독극물 취급하고 그것만 끊으면 모든 질병에서 해방될 것처럼 이야기할까? 여기에는 비만에 대한 인식 변화가 큰 몫을 했다. 비만은 지방이 몸에 쌓여 체중이 과하게 늘어나는 현상이다. 그래서 사람들은 지방을 덜 먹으면 비만을 막을 수 있을 거라 생각했다. 하지만 생화학과 생리학이 발달하면서 섭취한 지방뿐 아니라 남는 탄수화물도 지방으로 전환된다는 사실이 알려졌다. 이런 원리를 이용한 다이어트 이론을 만든 사람이 소위 '황제 다이어트'로 유명한 로버트 앳킨스Robert Atkins 이다. 앳킨스 다이어트 이론의 핵심은 지방과 단백질보다 탄수화물 섭취를 제한하는 것이다. 여러가지 논란을 차치하고 보면 그의 이론은 생화학적으로는 꽤 타당하다. 우리 몸 안에 에너지가 충분하면(에너지 물질인 ATP와 전자운반 물질인 NADPH가 남아돌면) 남는 탄수화물은 대사되어 지방산 합성에 이용된다. 흔히 혈당을 낮추는 것으로만 알고 있는 인슐린insulin 도 그 과정에서 지방산 합성을 촉진한다. 따라서 탄수화물 섭취를 극단적으로 줄이면 지방이 만들어지는 원료의 공급을 끊어버리는 효과가 있다. 그러니 밀가루나 설탕 같은 탄수화물이 비만의 원인이고 나쁜 음식이라는 비난은 일면 타당한 점도 있다.

하지만 그렇다고 탄수화물이 비만의 원인이라고 단정할 수 있을까? 2012년에 발표된 대륙별 비만도에 대한 연구에 따르면 아시아인의 평균 몸무게는 57.7kg으로 다른 어느 대륙 사람들보다 가볍다.[4] 아프리카인보다도 평균 3kg 가볍고 비만도 높은 북아메

표1. 2005년 대륙별 성인 인구, 평균 체중, 비만도

지역	성인 인구 (백만명)	평균 체중 (kg)	과체중 인구 비율
아시아	2,815	57.7	24.2%
유럽	606	70.8	55.6%
아프리카	535	60.7	28.9%
라틴아메리카	386	67.9	57.9%
북아메리카	263	80.7	73.9%
오세아니아	24	74.1	63.3%
계	4,630	62.0	34.7%

출처: Sarah Catherine Walpole, et al. "The weight of nations: an estimation of adult human biomass," *BMC Public Health* vol.12, no.439, 2012에서 재구성.

리카인보다는 무려 23kg이나 덜 나간다. 그런데 아시아인은 전체 섭취 열량 가운데 탄수화물이 차지하는 비중이 북아메리카인보다 훨씬 높다.[5] 미국은 전체 섭취 열량 가운데 탄수화물이 50%가 채 되지 않는 반면 한국과 일본은 과거보다 많이 낮아졌음에도 여전히 60% 수준이며, 북한은 74%나 된다. 통계로만 보면 비만율은 탄수화물 섭취량과 반비례하는 것이다.

결국 탄수화물 섭취보다 더 중요한 것이 있다는 뜻이다. 바로 전체 섭취 열량(칼로리)이다. KFC 할아버지가 국민 표준체형이라는 농담이 있을 정도로 세계 최고 비만율을 자랑하는 미국인들의 하루 평균 섭취 열량은 3,700kcal가 넘는다. 이에 비해 OECD 국가 중 비만율 최하위를 다투는 한국과 일본은 3,000kcal에 머물러 있다. 지나치게 많이 먹고 에너지가 남아돌아야 탄수화물이 지방으로 저장된다. 따라서 적당량의 열량을 섭취한다면 밀가루

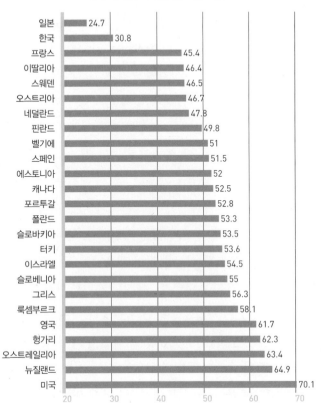

표2. 국가별 과체중 및 비만 비율

국가	비율
일본	24.7
한국	30.8
프랑스	45.4
이딸리아	46.4
스웨덴	46.5
오스트리아	46.7
네덜란드	47.8
핀란드	49.8
벨기에	51
스페인	51.5
에스토니아	52
캐나다	52.5
포르투갈	52.8
폴란드	53.3
슬로바키아	53.5
터키	53.6
이스라엘	54.5
슬로베니아	55
그리스	56.3
룩셈부르크	58.1
영국	61.7
헝가리	62.3
오스트레일리아	63.4
뉴질랜드	64.9
미국	70.1

출처: OECD(2016), "Overweight or obese population(indicator)"에서 재구성.

나 설탕을 엄격히 금할 이유가 없다. 저탄수화물 식이요법은 많이 먹는 서양인들에게 더 맞는 방법이다.

밀가루는 농약이 많아서 나쁘다고 주장하는 사람도 있다. 우리나라는 밀가루를 대부분 수입에 의존하는데, 수입 밀가루는 농약을 많이 쓰고 수확 후post-harvest 약품 처리를 한다는 것이다. 하지만 이 주장도 옳지 않다. 우리나라는 밀을 수입하지 밀가루는 거의 수입하지 않는다. 수입한 밀은 통관할 때 농약 검사 및 수확 후 약품 검사를 통과해야 한다. 20여년 전에 기준치 이상의 농약이 검출된 밀이 시중에 유통된 사건이 두차례 있었지만 그 이후로는 단 한번도 발생하지 않았다. 설령 밀에 농약이 잔류해 있더라도 제분을 하기 위해서는 껍질이 잘 벗겨지도록 물에 담가두는 조질調質 과정을 거치기 때문에 농약이 잔존할 가능성은 거의 없다. 인터넷에는 심지어 수입밀로 제분한 밀가루에서는 개미가 죽고 우리밀로 제분한 밀가루에서는 개미가 잘 산다는 이야기까지 떠도는데, 이는 제대로 통제되지 않은 실험이다. 얼마 전 딸아이의 방학숙제로 이와 비슷한 실험을 직접 해보았는데, 수입밀이건 우리밀이건, 심지어 유기농 미숫가루에서도 개미는 다 죽었다. 애먼 소문 때문에 애꿎은 개미들만 죽인 꼴이었다. 곤충은 아주 고운 곡물가루에서는 오래 살지 못한다. 여기엔 두가지 설명이 있다. 고운 곡물가루가 곤충의 몸마디 양옆에 있는 기문이라는 숨구멍을 막아버리기 때문이라는 설명과, 고운 곡물가루가 소화기에서 불어나 호흡기를 막는다는 설명이다. 이중 어느 것이 주된 이유인지는 명확하지 않지만, 아무튼 개미들은 아주 고운 곡물가루에서는 살지 못한다. 밀가루 때문도 아니고 수입 밀가루 때문은 더더욱 아니다.

6장에서 좀더 자세히 살펴보겠지만, 비만은 단순히 삼백식품과 같은 몇가지 음식을 금한다고 해결할 수 있는 문제가 아니다. 섭취하는 사람의 영양상태, 생활환경, 섭취량 등 여러 요인을 복합적으로 고려해야 한다. 밀가루와 설탕은 아프리카의 굶주린 아이에겐 보약이 될 수 있고 비만인 당뇨환자에겐 독약이 될 수 있다.

영양학 사대주의

그런데 왜 밀가루만 끊으면, 또는 탄수화물만 줄이면 비만과 각종 질병에서 해방된다는 이야기가 만연해 있는 것일까? 여기서 우리는 서구, 특히 미국의 영양학 이슈를 그대로 수입해 국내에 유통하는 이른바 '영양학 사대주의'에 대해 생각해봐야 한다. 미국 과학이 한국 과학과 다를 수야 없겠지만, 미국의 영양학 담론을 한국에 직접 적용하는 것은 무리가 있다. 최근 미국 식품업계의 공통적인 관심은 저탄수화물, 저지방, 글루텐 프리gluten-free, 무설탕 등이다. 마치 탄수화물과 지방의 섭취를 줄이고 밀가루 음식을 피하고 설탕을 먹지 않으면 건강해질 것만 같은 분위기다. 먹지 말아야 할 것만 있는 것도 아니다. 레몬 디톡스, 현미 다이어트, 양배추 다이어트 등 먹으라는 것도 많다. 이런 트렌드는 총알처럼 빠르게 국내에 수입된다. 하지만 식생활과 식습관이 크게 다르고 그로 인해 발생하는 건강 문제도 다른데 외국의 유행을 무비판적으로 그대로 적용하는 것이 과연 적절한지 생각해봐야 한다.

게다가 이런 트렌드의 주요 공급자인 미국은 OECD 국가 중에서도 따라갈 곳이 없는 비만 국가다. 미국인의 영양상태는 한국인과 너무나 다르다. 먹는 문화가 다르기 때문이다. 심지어 비만에 대한 기준도 다르다. 비만의 지표로 가장 잘 알려진 것은 체질량지수 BMI, body mass index 이다. BMI는 체중 kg 을 키 m 의 제곱으로 나눈 값으로, 예를 들어 몸무게 80kg에 키가 180cm인 사람의 BMI 값은 $80 \div (1.8)^2 = 24.7$이다. 미국과 같은 서구권에서는 BMI 30 이상을 비만으로 분류하지만 우리나라에서는 23 이상을 비만이라고 하고 30 이상은 고도비만이라고 한다.

같은 인종이라도 문화와 환경에 따라 영양상태가 다르다. 한 연구에 따르면 같은 한국계 미국인이라도 미국 출생자는 과체중 및 비만 비율이 31.4%인 데 비해 한국 출생자는 9.4%에 지나지 않았다.[6] 미국 출생자들이 한국 출생자들보다 탄수화물 섭취량이 더 적고 지방 섭취량은 더 많았는데도 말이다. 저탄수화물 다이어트가 무조건 좋은 것은 아니라는 사실을 보여주는 증거다. 미국 출생자들은 몸에 좋다는 전곡류 whole grain 와 견과류도 더 많이 먹었다. 물론 몸에 나쁘다는 적색육도 더 많이 먹었고 과일과 채소는 적게 먹었다. 결국 영양상태와 비만은 총량과 균형에 따라 달라진다는 것을 알 수 있다. 그리고 그 모든 것은 문화와 환경에 크게 영향을 받는다.

미국에서 유행하는 영양학 담론을 마구잡이로 수입해서 대중에 유포하고, 특정한 나쁜 식품만 피하면 괜찮다는 엉뚱한 오해를 퍼뜨리는 것은 이러한 차이를 무시하는 일이다. 서구의 이론이니 과학적이고 정확할 것이라고 예단하는 것은 영양학 사대주의다. 물론 우리 식문화가 점점 서구화되어가고 있기 때문에 미리 주의할 필요도 있지만, 여전히 우리의 식문화는 미국과 많이 다르다. 질병마다의 발병률이나 주된 사망원인도 다르다. 전체 사망자 가운데 심혈관계 질환에 의한 사망자가 가장 많은 미국과 달리 우리나라에서는 암에 의한 사망이 압도적으로 많다. 최근에는 우리나라도 심장 질환이 사망 원인 2위에 올랐지만, 3위인 뇌혈관 질환, 4위인 폐렴, 5위인 자살을 합쳐도 1위인 암 사망자 수에 못 미친다.[7] 서구와 달리 국이나 찌개를 많이 먹는 우리 식문화에서는 나트륨 섭취량이 지나치게 많고 칼슘 섭취는 부족하기 때문에 그에 걸맞은 저염식이나 고칼슘식 같은 가이드라인이 필요하다. 그러나 정작 필요한 저염식에 대해서는 식품업계의 저항이 거세고 우선순위가 뒤처지는 서구의 담론은 무분별하게 쏟아져 들어온다. 기업에서는 그런 담론을 신제품 마케팅에 이용해 기존의 식품은 뭔가 부족한 것으로 치부하고 신제품의 장점을 강조한다. 이를 통해 나쁜 식품과 좋은 식품의 이분법이 더욱 확대된다.

만약 죄악세가 성공을 거두어 소비자들이 특정 식품의 소비를 줄인다 하더라도 건강 문제가 해결되기는 매우 어려울 것이다. 건강은 총체적인 식생활과 문화의 문제이기 때문에 한두가지 식품을 적게 먹는다고 국민들이 갑자기 건강해지지는 않는다. 역사와 전통이 스며 있는 식문화가 쉽게 바뀌는 것도 아니다. 식당에 가면 무조건 물부터 주는 한국과 달리 메인 메뉴를 고르기 전에 음료수부터 주문하는 문화가 있는 미국에서 청량음료를 적게 마시기란 쉽지 않은 일이다. 죄악세가 식문화를 서서히 바꾸어가는 시작점이 될 수는 있겠지만, 자칫하면 본래의 의도와는 상관없이

표3. 우리나라의 10대 사망 원인 및 사망률

사망 원인	사망자 수 (명)	사망률 (인구 10만명당)	전년 대비 증감률(%)
암	76,855	150.8	−0.1
심장 질환	28,326	55.6	6.1
뇌혈관 질환	24,455	48.0	−0.5
폐렴	14,718	28.9	22.0
자살	13,513	26.5	−2.7
당뇨병	10,558	20.7	−0.1
만성 하기도 질환	7,538	14.8	4.7
간 질환	6,847	13.4	2.8
운수사고	5,539	10.9	−3.2
고혈압성 질환	5,050	9.9	−0.6

출처: 통계청 「2015년 사망원인통계」.

국가의 세수를 늘리는 데만 이용될 수도 있다.

기업 입장에서는 특정 성분이 나쁘다는 여론이 높아지면 얼마든지 다른 성분으로 대체할 수 있다. '무첨가' '천연' 같은 말을 붙여 가격을 올리기도 쉽다. 설탕이 나쁘다고 하니까 전분을 이용해 고과당 옥수수시럽을 만들고, 사카린·아스파탐·수크랄로스·스테비아와 같은 저칼로리 감미료를 개발했지만 결과적으로 비만율이 줄어들지는 않았다. 애초에 문제는 설탕 자체가 아니라 음식의 과도한 섭취였고, 설탕을 빼도 인간이 먹는 양은 여전히 많았다. 최근에는 포화지방을 덜 섭취하도록 하는 영양 가이드라인이 심혈관계 질환 예방과 큰 관계가 없다는 연구 결과도 나왔다.[8]

무얼 먹느냐보다 더 중요한 것은 어떻게 먹느냐이다. 기본적으로 식품은 생명의 근원이며, 다만 그것을 섭취하는 사람의 상태에 따라 먹는 양에 주의할 필요가 있을 뿐이다. 몇가지 식품에 죄를 뒤집어씌워버리면 오히려 나머지 식품은 아무렇게나 먹어도 된다는 방심을 불러일으킬 수도 있다. 그 자체로 나쁜 식품이란 없다. 그런 것은 독이라고 부른다. 하지만 독조차도 적게 쓰면 약이 된다. 반면 물도 갑자기 많이 먹으면 죽는다. 외국에서는 간혹 많이 먹기 대회 참가자들이 위를 늘리기 위해 짧은 시간 안에 물을 많이 마시는 연습을 하다 물중독water intoxication 이라고도 부르는 저나트륨혈증hyponatremia 으로 사망하는 사건이 일어나기도 한다. 그렇다고 물 섭취를 주의하라고 말하는 일은 없지 않은가?

식품회사는 사악한가?

얼마 전 한 매체에 매우 논쟁적인 칼럼 한편이 실렸다. '식품회사는 담배회사만큼 해로운가?'라는 제목의 이 칼럼은 식품회사들이 담배회사와 마찬가지로 연구를 왜곡하고 매출을 늘리기 위해 몸에 나쁜 식품을 만든다고 주장했다.

식품회사도 마찬가지다. 식품에서 가공 과정은 식품회사의 이익을 만드는 과정이다. 옥수수와 콩과 과일을 패스트푸드와 스낵, 음료로 만드는 경우 가공을 하면 할수록 건강에 해로운 당분이 높아지고, 비

만을 유발하는 칼로리도 높아지고, 가격도 올라가지만, 건강에 좋은
섬유질과 필요한 영양분은 줄어든다.

식품회사에 대한 이러한 주장은 사실 새로운 것이 아니다. 많
은 사람들이 식품회사를 마치 우리의 건강을 해치는 적처럼 생각
한다. 매리언 네슬Marion Nestle 의 『식품정치』Food Politics (고려대학교출판
부 2011)는 이러한 시각을 대표하는 책이다. 이 책에서 저자는 미
국 식품회사가 다양한 상업적 전략으로 영양과잉을 조장하고 사
람들의 건강을 위협한다고 주장한다. 실제로 식품회사들이 자신
의 이익을 위해 비난받아 마땅한 부도덕한 일을 저지른 적이 있
었던 것은 사실이다. 방대하면서도 꼼꼼한 그의 자료를 읽다보면,
설령 저자의 의도는 그렇지 않다 하더라도, '식품회사는 사악한
존재'라는 생각이 드는 것도 무리가 아니다.

한편 그 반대편에는 무엇을 먹든 개인의 자유라는 주장도 있
다. 이름부터 우파적 냄새가 물씬 풍기는 소비자자유센터CCF,
Center for Consumer Freedom 같은 그룹이 대표적이다. 이들은 개인의 자
유를 옹호하며 식품과 관련된 어떠한 규제에도 반대하는 입장을
견지하지만, 실은 식품회사의 이익에 성실하게 복무하는 집단이
다. 미국 보수주의 운동 단체인 티파티Tea Party 와도 관련이 있다.

그러나 식품 문제를 기업 대 개인의 문제로 환원하는 프레임은
바람직하지 않다. 식품을 둘러싼 논쟁을 정치적·이념적 문제로
만들어 문제의 해결을 어렵게 하기 때문이다. 물론 모든 사회적
문제는 정치적이고 기업에는 사회적 책임이 있다. 하지만 '기업

대 개인'이라는 프레임에 의해 식품기업을 거대한 악으로 치부하는 음모론적 시각에 빠져버리면 과학적 사실에 근거해 판단하기가 어렵다. 그런 이들은 거대 식품회사가 자신의 이익을 위해 못 먹을 음식을 만들거나 정부나 학계와 손잡고 엄청난 비밀을 숨기고 있다고 믿는다. 그렇지만 유감스럽게도 대부분의 식품회사는 그럴 만한 능력이 없다. 가끔씩 오래된 햄버거가 썩지 않는 걸 보고 뭔가 나쁜 첨가물을 넣었을 거라고 의심하는 말들이 SNS에 떠돌기도 하지만, 만약 그런 물질을 개발했다면 정당하게 특허를 내고 과학상을 휩쓰는 편이 회사에게 더 이익이다. 소위 '썩지 않는 햄버거'는 썩지 않을 조건이 되었기 때문에 썩지 않았을 뿐이다. 패티를 바싹 구워서 표면이 살균되고 수분이 모두 증발하면 햄버거도 썩지 않을 수 있다. 부패는 수분과 함께 시작된다. 물만 조금 뿌려주고 손으로 한번 만져주면 햄버거는 썩게 되어 있다. 지나친 음모론은 건강에 해롭다.

오히려 식품회사는 동네북에 가깝다. 지난 2013년 정부는 이른바 '4대악' 중 하나인 불량식품 근절을 위해 상습적으로 불량식품을 만들어 유통하거나 허위광고를 하는 업체에 부당이득의 최대 10배에 이르는 과징금을 부과하는 부당이득 환수제를 도입했다. 그런데 같은 시기 통과된 유해화학물질 관리법 개정안에서는 유해물질 유출사고를 일으킨 기업에 부과하는 과징금이 업계의 반발로 매출액의 10%이던 원안에서 5%로 오히려 완화되었다. 불량식품이 나쁘긴 하지만, 식품과 관련된 문제에 민감한 국민들의 감정을 이용한 대표적인 보여주기식 행정이라고 할 만하다.

인간의 기대수명은 계속 증가하고 있다. 2009년 통계청 자료에 따르면 1900년 미국인의 평균수명은 47세였으나 2010년 기대수명은 79.2세로 늘었다. 한국인의 기대수명도 1985년 66.8세에서 2010년 79.4세로 크게 늘었다. 단순히 기대수명만 늘어난 것이 아니라 노년층의 건강도 크게 향상되었다. 더이상 환갑은 특별한 축일이 아닐뿐더러 환갑이 지났다고 해서 노인으로 보이지도 않는다. 거기에는 의료기술의 발달과 더불어 위생적이고 영양이 풍부한 식생활도 한몫을 했을 것이 분명하다. 과연 식품회사는 여기에 아무런 기여도 하지 못했을까? 천연, 무농약, 유기농, 자연식품만 먹던 100년 전과 비교하면 지금 우리는 독극물을 먹고 있는 것이나 마찬가지일까?

지난 수십년 동안 우리 사회는 정부와 식품회사, 학자와 소비자 단체가 참여하는 '정치'를 통해 식품에 대한 여러가지 규제를 마련해왔다. 그 규제는 각 이해당사자들의 이익과 당시의 상황, 당시의 지식이 만들어낸 잠정적인 합의이다. 이 합의는 계속 바뀌어왔고 앞으로도 바뀔 것이다. 이러한 합의의 정치를 절대적인 선과 악이라는 이념적인 문제로 바라보는 것은 누구에게도 도움이 되지 않는다. 상대를 악마로 몰아붙이는 주장은 매우 쉽고 선명한 만큼 위험하기도 하다.

'좋은 식품, 나쁜 식품'의 이분법을 극복해야 한다

식품 연구자들이 자주 듣는 난감한 질문이 있다. "이거 몸에 좋다던데 정말인가요?" 이런 질문에는 반문이 가장 좋은 대답이다. "몸에 좋은 것이 뭘까요?" 그러면 질문을 던진 사람 대부분은 고민에 빠진다. 대체 몸에 좋은 것이란 무엇일까? 과거에 그것은 '쌀밥에 고깃국'으로 대표되는, 충분한 열량과 고른 영양을 의미했다. 잘 먹지 못하는 사람이 많던 시절엔 쌀밥의 탄수화물과 고깃국에 들어 있는 단백질과 지방을 충분히 섭취하기만 하면 남들보다 성장 발육이 앞서고 건강해질 수 있었다. 지금도 기아와 영양부족에 허덕이는 나라에서는 여전히 '쌀밥에 고깃국'이 필요할 것이다. 하지만 이제는 우리나라도 상황이 많이 바뀌었다. 단순히 영양가가 높은 데 만족하던 시대는 지났다. 오히려 칼로리가 높으면 욕을 먹는 시대다.

요즘엔 '몸에 좋은 것'을 주로 '기능성'이라는 말로 표현한다. 항산화, 면역 증강, 콜레스테롤 저하, 정장, 항암 등등 그 효과도 매우 다양하다. 문제는 식품 속에는 매우 다양한 성분이 들어 있기 때문에 저 가운데서 한두가지 효과를 지닌 물질이 들어 있는 동시에 바람직하지 않은 물질도 들어 있을 수 있다는 것이다. 그래서 식품 연구자들은 이런 농담을 하기도 한다. "어떤 식품을 가져와도 그 속에 발암물질이 들어 있거나 항암물질이 들어 있다는 것을 입증해 보일 수 있다."

우리 몸에 좋다는 식이섬유를 예로 들어보자. 식이섬유는 소화가 되지 않는 탄수화물이 주성분이기 때문에 우리의 위장관을 훑으며 콜레스테롤처럼 우리 몸에 좋지 않은 물질을 흡착시켜 몸 밖으로 빼낸다. 하지만 그 과정에서 우리 몸에 필요한 칼슘이나 마그네슘 같은 무기질도 함께 배출시키므로 무기질이 부족한 사람들은 지나친 섭취를 주의할 필요가 있다.

커피 속의 카페인도 마찬가지다. 카페인은 칼슘 흡수를 저해한다고도 하고 특히 임산부의 경우에는 지나친 카페인 섭취가 유산 또는 저체중아 출산과 관련이 있다는 보고가 있어서 주의가 요구된다. 물론 '과하게' 마실 때의 이야기다. 하지만 노인의 경우는 카페인이 기억력과 인지능력을 증진시킨다는 보고도 있다.

이렇듯 어떤 식품이 몸에 좋은지 나쁜지는 그 사람의 건강상태와 해당 성분의 함유량, 실제 섭취량 등을 면밀히 따져보아야 판단할 수 있다. 몸에 이로운 몇몇 물질을 보고 장점만 이야기하거나 해로운 물질에 주목해서 단점만 이야기하는 것은 건강에 전혀 도움이 되지 않는다. 한두가지 식품이나 성분에 일희일비할 필요는 없다.

식품은 인간의 욕망을 충족시키고 삶을 지탱한다. 때로는 너무 과하거나 부족해서 문제를 일으키기도 하지만 그건 식품 자체의 문제는 아니다. 어떤 식품도 그 자체로 선하거나 악하지 않다. 오히려 식품에 대한 이분법에서 비롯되는 선입견과 오해가 문제를 왜곡한다.

1부에서는 식품에 대한 대표적인 6가지 오해에 대해 살펴볼 것이다. 그 가운데 자신이 가진 선입견이 몇가지인지 한번 세어보면 좋겠다. 아마 모든 편견으로부터 자유로운 사람은 그리 많지 않을 것이다. 2부에서는 그런 오해를 촉발시킨 원인 제공자들을 차례차례 살펴볼 것이다. 그 첫째는 불행히도 우리 자신이고, 그 다음은 홍보와 마케팅에 열을 올리는 식품회사, 그리고 마지막은 이 글을 쓰고 있는 나와 같은 연구자들이다. 이 세 주체가 서로 솔직하게 토론한다면 우리의 눈을 가리는 식품 담론의 문제를 걷어내고 식품을 바로 볼 수 있으리라 기대한다. 우리의 건강한 삶을 위해서 말이다.

SUGAR

1부

식품에 관한
6가지
이야기

1
식품은 약이 아니다

밥은 보약인가?

현대는 건강의 시대다. 사람들은 더이상 오래 사는 것만을 추구하지 않는다. 건강하게 오래 사는 것이 목표다. 그래서 건강할 때 건강을 지키고 관리해야 한다. 그러다보니 식품에 대한 관심이 커진다. 무엇을 먹느냐가 그 사람을 결정하고 무엇을 먹느냐가 곧 건강이나 질병과 직결된다고 생각한다. 흔히 식품의 중요성을 이야기할 때마다 언급되는, 이른바 의식동원 사상이다.

예전에는 그저 배를 채우는 데 만족했던 사람들이 이제는 무얼 먹을지, 무얼 먹지 말아야 할지 고민하기 시작했다. 거기에 기업의 상술이 개입하면서 새로운 식품이 계속 쏟아져나오고 있다. 한쪽에서는 새로운 식품이 건강에 좋다는 것을 강조하기 위해 기존의 것을 깎아내리고, 그 반대편에선 오히려 과거의 식품이 더 좋다는 반동도 일어난다. 이 프레임 안에 들어오는 식품은 갑자기 뜨거운 감자가 되어버린다. 매실청이 몸에 좋다고 알려지자 몸에 나쁘다고 욕을 먹던 설탕이 봄이 되면 동이 나버리는 현상이 벌어진다.

의식동원醫食同源 또는 약식동원藥食同源이라는 말은 '음식과 약은 근본이 같다'는 뜻으로 오래전부터 동양의학에 존재하던 개념이다. 동양뿐 아니라 서양에도 비슷한 이야기가 있다. 의학의 아버지라 불리는 히포크라테스가 "음식으로 고칠 수 없는 병은 약으로도 고칠 수 없다"라고 했다거나 "약으로 음식을 삼고 음식으로 약을 삼아라"라고 했다는 이야기가 그것이다. "음식으로 고칠 수 없는 병은 약으로도 고칠 수 없다"라는 말은 책과 칼럼, 방송 등을 통해 국내에 널리 퍼졌다. 하지만 정확한 출처는 어디에서도 찾을 수 없다. 해외에서는 "약으로 음식을 삼고 음식으로 약을 삼아라"라는 말이 더 광범위하게 퍼져 있고 심지어 몇몇 과학 논문에도 인용된 바 있지만, 실제로 히포크라테스는 그런 이야기를 한 적이 없다고 한다.[1]

이 오도된 경구 때문에 사람들은 식품을 일종의 약으로 생각한다. 그러나 설사 히포크라테스가 이런 말을 한 것이 사실이라고 해도 기원전 5세기 인물의 발언을 21세기에 그대로 받아들여서는 곤란하다. 식품은 약이 아니다. 식품이 중요하지 않다는 것도 아니고 식품이 건강과 관련이 없다는 것도 아니다. 다만 식품으로 병을 '치료'하려고 해서는 안 된다는 말이다. 물론 병 중에는 영양분이 부족해서 생기는 병이 있다. 대표적인 것이 비타민C 부족으로 생기는 괴혈병, 비타민B1 부족이 원인인 각기병, 옥수수 위주의 식사로 인한 영양 불균형이 원인인 펠라그라 병 등이다. 이러한 질병은 부족한 영양분을 공급하면 호전된다. 그 때문에 이런 영양분이 치료제처럼 보일 수도 있다. 하지만 '어떤 병이든 식품으로 치료할 수 있다'는 식으로 생각해서는 안 된다. 밥이 보약이라느니, 의식동원이니 약식동원이니 하는 말은 식품의 중요성을 강조하는 뜻 정도로 받아들이면 족하다.

건강기능식품이란 무엇인가?

식품을 약처럼 생각하는 사람들이 늘어나는 원인 중의 하나는 건강기능식품 때문이다. 비슷한 뜻으로 초창기 일본에서 쓰이던 '기능성 식품'이나 미국에서 쓰는 '식이보충제'dietary supplements, 또 최근에 유행하는 '뉴트라슈티컬'nutraceuticals 2 등의 용어가 혼용되고 있지만 우리나라의 법적인 용어는 '건강기능식품'이다. 2002년 제정된 '건강기능식품에 관한 법률'(이하 건강기능식품법)에서 정한 건강기능식품의 정의는 다음과 같다. "인체에 유용한 기능성을 가진 원료나 성분을 사용하여 제조(가공을 포함)한 식품." 이 정의를 잘 이해하면 건강기능식품이 무엇인지 알 수 있다.

첫째, 건강기능식품은 의약품이 아니라 '식품'이다. 건강기능식품법 제정 초창기엔 제품의 형태를 정제, 캡슐, 분말, 과립, 액상, 환 등으로 한정했기 때문에 약과 비슷한 형태로만 팔 수 있었다. 그래서 건강기능식품이 의약품처럼 여겨지고 약처럼 먹어야 하는 것으로 오해되기도 했다. 그러나 지금은 제형에 관한 조항이 삭제되어 어떤 형태로든 만들 수 있다. 결국 건강기능식품도 식품이므로 인간이 역사적으로 먹어온 것, 최소한의 안전성이 보장된 것을 원료로 사용해야 한다.

둘째, '인체에 유용한 기능성을 가진 원료나 성분', 즉 기능성 원료를 사용해 만들어야 한다. 기능성 원료란 다양한 연구를 통해 적정량을 섭취했을 때 인체에 특정한 유익이 있다고 밝혀진 원료를 뜻한다. 예를 들면 오메가3 지방산, 홍삼, 유산균 등이다. 그밖에 비타민이나 무기질과 같이 결핍되기 쉬우며 결핍으로 인해 건강에 심각한 문제가 올 수 있는 영양소도 기능성 원료에 속한다. 비타민A – 야맹증, 비타민B1 – 각기병, 비타민C – 괴혈병, 비타민D – 구루병, 이렇게 생물시간이나 가사시간에 비타민 결핍증을 외웠던 기억이 누구에게나 있을 것이다. 철분이 부족하면 빈혈이 올 수 있고 칼슘이 부족하면 뼈 건강을 해칠 수 있다는 건 상식이다. 이런 영양소들은 아예 정부에서 발행하는 '건강기능식품 공전'에 지정되어 있다. 이러한 원료를 '고시형 기능성 원료'라고 한다.

기업들은 일반적인 기능성 원료 대신 특별하고 새로운 원료를 사용해 제품을 만들려고 한다. 더 큰 이익을 볼 수 있기 때문이다. 그래서 기업들이 새로운 원료를 찾아서 기능성을 주장하면 식약처에서는 개별 업체에서 제출한 안전성, 기능성, 기준 및 규격 등에 대한 자료를 평가해 기능성 원료로 인정해준다. 이것을 '개별 인정형 기능성 원료'라고 한다. 한동안 우리 사회를 떠들썩하게 만들었던 백수오 같은 경우가 대표적인 개별인정형 기능성 원료이다. 개별인정형 원료는 신고 후 3년이 지나면 고시형 원료로 전환될 수 있다.

여기서 문제가 되는 것은 '기능성'이라는 말이다. 사실 비타민이나 무기질뿐 아니라 모든 영양분은 우리 몸에 유익하며, 결핍되면 문제를 일으킨다. 그렇다고 모든 식품 성분을 기능성 원료라고 할 수는 없다. 건강기능식품법에서는 '기능성'을 "인체의 구조 및 기능에 대하여 영양소를 조절하거나 생리학적 작용 등과 같은 보건 용도에 유용한 효과를 얻는 것"으로 정의해놓았다. 하

표4. 연도별 신규 기능성

연도	기능성
2004년	혈압 조절, 충치 발생 위험 감소, 기억력 개선, 콜레스테롤 수치 감소, 인지능력 개선, 체지방 감소, 관절/뼈 건강, 혈당 조절, 혈중 중성 지방 감소
2005년	면역 기능, 피부 건강, 항산화, 장 건강
2006년	혈행 개선, 간 건강
2007년	전립선 건강, 눈 건강, 운동 수행 능력 향상, 긴장 완화
2008년	칼슘 흡수
2009년	요로 건강, 피로 개선
2010년	갱년기 여성 건강, 소화 기능
2011년	방광의 배뇨 기능 개선
2012년	(없음)
2013년	과민 피부 상태 개선, 갱년기 남성 건강
2014년	월경 전 불편감 개선, 정자 운동 개선, 여성의 질 건강, 어린이 키 성장
2015년	수면의 질 개선

지만 이 정의도 여전히 모호하다.

좀더 구체적으로 살펴보자면, 식약처에서 정한 기능성의 내용은 크게 질병발생 위험 감소 기능, 생리활성 기능, 영양소 기능 세 가지로 요약된다. 질병발생 위험 감소 기능은 역학적 연구 결과, 특정한 질병의 위험을 줄이는 데 도움을 준다고 인정되는 것을 말한다. 생리활성 기능은 인체의 정상 기능이나 생물학적 활동에 효과가 있는 것으로, 2015년 말 기준으로 '기억력 개선' '혈행 개선' 등 32가지 종류가 있다. 영양소 기능은 비타민, 무기질, 식이섬유, 단백질, 필수지방산 등의 영양소를 공급한다는 뜻이다.

건강기능식품은 약이 아니다

이와 같은 생리활성 기능이나 질병발생 위험 감소 기능만 보면 건강기능식품이 질병을 치료하거나 예방한다고 생각하기 쉽다. 하지만 치아 건강에 도움이 된다고 해서 충치가 치료되는 것이 아니고 눈 건강에 도움이 된다고 해서 시력이 좋아지는 것이 아니다. 기능성에도 차이가 있다. 지금까지 식약처에서는 건강기능식품 원료의 기능성을 표5와 같이 네가지로 분류해왔다.

하지만 생리활성 기능의 등급제는 곧 사라질 운명에 처했다. 식품의약품안전처에서 2016년 11월 21일 등급제 폐지를 포함하는 건강기능식품 기능성 원료 및 기준 규격 인정에 관한 규정 개정을 고시했기 때문이다. 식약처는 그 이유로 소비자가 쉽게 이

표5. 기능성 원료의 기능성 인정 등급

기능성 등급	기능성 내용
질병 발생 위험 감소 기능	○○ 발생 위험 감소에 도움을 줌
생리활성 기능 1등급	○○에 도움을 줌
생리활성 기능 2등급	○○에 도움을 줄 수 있음
생리활성 기능 3등급	○○에 도움을 줄 수 있으나 관련 인체 적용시험이 미흡함

해하기 어려운 등급을 삭제하고 2등급 이상으로 인정 기준을 높이기 위해서라고 밝혔다. 등급제 폐지 반대 의견도 만만치 않기 때문에 등급제가 최종 폐지될지는 확실하지 않지만, 각 등급의 기능성 표현이 '질병을 치료하는 것'을 의미하지 않는다는 것은 분명하다. 즉 건강기능식품이란 질병을 직접적으로 치료하거나 예방하는 것이 아니라, 인체의 정상적인 기능을 유지하거나 생리 기능 활성화를 통하여 건강을 유지하고 개선하는 기능이 있는 것으로 이해해야 한다. 문제는 어떤 것을 먹고 '기능을 유지'하는지, '건강을 유지하고 개선'하는지 확실히 입증하기 어렵다는 것이다.

최근에는 메타분석과 같은 의학적 연구방법을 이용하여 건강기능식품의 효능을 검증하려는 시도가 점차 늘어나고 있다. 메타분석이란 기존의 연구 데이터를 종합해 분석하는 방식의 연구를 말하는데, 이를 통해 건강기능식품의 섭취가 특정 질병의 발병률이나 사망률 감소에 도움이 되지 않는다는 연구 결과들이 발표되면서 건강기능식품의 기능성에 대한 혼란은 더욱 커지고 있다.

가장 대표적인 것이 2012년 봄 국내 연구진이 발표한 오메가3 지방산의 심혈관 질환 발생률과 사망률의 관계에 대한 논문이다.[3] 심혈관 질환을 앓은 적이 있는 사람들 2만 485명을 대상으로 연구한 결과, 이 논문은 오메가3 보충제를 섭취해도 2차적인 심혈관 질환 발생률이나 사망률이 낮아진다는 증거가 부족하다는 결론을 내렸다. 이러한 연구 방법의 한계에 대해서는 9장에서 자세히 살펴보겠지만, 어쨌든 오메가3 지방산뿐 아니라 칼슘 보충제가 심장 건강에 나쁘다거나 비타민 등 항산화제가 암 예방 효과가 없다는 등의 연구 결과가 계속 발표되면서 건강기능식품에 대한 도전이 계속되고 있는 것이 현실이다.[4]

여기서 우리가 기억해야 할 사실은 건강기능식품은 약이 아니라 식품이라는 것이다. 약은 질병에 걸린 사람들이 치료를 목적으로 복용하는 것이다. 아픈 사람은 치료를 받아야지 식품으로 병을 고치려고 해서는 안 된다. 건강기능식품은 특정한 사람의 건강에 약간의 도움을 줄 수는 있을지언정 치료 효과를 주지는 않는다.

정부에서 허가받은 건강기능식품은 반드시 그 기능성을 명시하도록 하고 있다. 모든 건강기능식품에는 "혈행 개선에 도움을 줄 수 있음" "눈의 피로도 개선에 도움을 줄 수 있음"과 같이 그 기능성을 나타내는 정보가 적혀 있는데, 자세히 보면 어떤 경우에도 무슨 병이 낫는다는 식의 표현은 없다. 간혹 기업에서 제품의 효능을 과장하거나 오해를 일으킬 만한 문구를 사용하는 경우가 있지만 이는 엄연한 불법이다.

마치 건강기능식품인 것처럼 광고하지만 알고 보면 식약처의 인증을 받지 않은 일반 식품인 경우도 꽤 많다. 과일이나 채소 즙, 생약 또는 한약 성분으로 만든 식품 가운데 많은 것들이 이에 해당한다. 또 기능성 원료를 사용했더라도 기준 함

건강기능식품 인증 마크

량에 미달해 건강기능식품 인증을 받지 못한 경우도 많다. 대부분의 홍삼 사탕이나 비타민 사탕 같은 것들이 그렇다. 자일리톨은 기능성 원료지만 자일리톨이 함유된 대부분의 껌은 건강기능식품이 아니다. 건강이 염려되어 건강기능식품의 도움을 받고자 한다면 건강기능식품 인증 여부와 기능성 표기를 주의 깊게 확인해야 한다. 건강기능식품은 반드시 식약처에서 인증을 받아야 하고 제품 표면에 인증 마크가 찍혀 있다.

백수오 파동이 남긴 숙제

2015년 4월 22일 한국소비자원은 시중에 유통되고 있는 대부분의 백수오 제품에서 소위 짝퉁 백수오인 '이엽우피소' 성분이 검출되었다고 발표했다. 온 나라가 발칵 뒤집혔고 이후 몇달 동안 관련 뉴스가 온갖 매스컴을 장식했다. 하지만 6월 26일 검찰은 백

수오 원료 공급업체인 내츄럴엔도텍에 대해 무혐의 처분을 했고, 뉴스의 유통기한이 유난히 짧은 우리나라에서 이 사건은 조용히 잊히고 말았다.

2010년 식약처에서 개별인정을 받은 백수오(정확한 명칭은 '백수오 등 복합추출물')는 "갱년기 여성의 건강에 도움을 줄 수 있음"(생리활성 기능 2등급)이라는 기능성을 인정받았다. 갱년기 장애와 관련된 기능성으로는 국내에서 최초로 인정을 받았기에 언론의 큰 주목을 받았고, 백수오 제품은 TV 홈쇼핑을 통해 1천억원이 넘는 엄청난 매출을 기록했다. 그렇기에 이엽우피소라는 가짜 성분이 사용되었다는 한국소비자원의 발표는 모두를 혼란에 빠뜨렸다.

백수오 사태는 이미 지난 일이 되어버렸지만 향후에도 얼마든지 비슷한 문제가 발생할 수 있으므로, 백수오 파동에서 제기된 문제를 한번 돌아볼 필요가 있다. 중요한 논점은 다음과 같았다. 1) 백수오와 이엽우피소는 얼마나 다른가? 2) 이엽우피소는 얼마나 섞였는가? 3) 이엽우피소 섭취에 따른 부작용은 없는가? 4) 백수오 제품의 효능은 믿을 만한가?

백수오는 은조롱Cynanchum wilfordii Hemsley의 뿌리로 한국에서 흔히 먹는 식재료가 아니다. 이름도 큰조롱, 은조롱, 격산우피소, 백하수오 등으로 다양하게 불린다. 그런데 문제가 된 이엽우피소는 넓은잎큰조롱Cynanchum auriculatum Royle ex Wight의 뿌리로, 학술지에 '백수오(이엽우피소)'라고 기재되어 있을 정도로 유사한 중국 종이다. 백수오와 이엽우피소는 식물분류학상으로 보면 종種은 다르지만 속은 백미꽃속*Cynanchum*으로 동일하다. 사실 속명이 동일하면 같은 생물로 보는 경우도 많다. 사과를 생각해보면 이해가 쉽다. 후지, 국광, 홍옥, 골든딜리셔스 등 사과의 종류는 다양하지만 우리는 모두 '사과'라고 통칭한다. 종이 다를 뿐 모두 같은 사과나무속*Malus*이기 때문이다. 누군가 사과에서 어떤 효능을 발견해서 제품을 만들었다면 그 효능은 사과의 품종에 따라 얼마나 다를까? 홍옥은 효과가 있고 국광은 효과가 없을까? 이건 직접 실험해보지 않으면 답하기 어려운 문제다.

이엽우피소가 얼마나 섞였는가 하는 문제도 판별하기 쉽지 않다. 이엽우피소 혼입 여부는 중합효소연쇄반응*PCR, polymerase chain reaction*이라는 분자생물학적인 방법으로 검사하는데, PCR 검사는 극미량의 유전자도 검출할 수 있다는 장점이 있지만 얼마나 혼입되었는지는 정확하게 알 수 없다. 보통 농산물의 혼입 여부의 정량적 분석은 유전자변형식품*GMO*에서 주로 이뤄지는데 콩 8종과 옥수수 16종에 대해서만 제한적으로 이뤄지고 있다. 함량을 분석하는 정량분석이 아닌, 유무만을 판정하는 정성분석은 문제를 과장할 수 있다. 식품의 제조 과정에서 원료를 100% 통제하기란 어려운 일이다. 아무리 공정을 엄격하게 통제한다 하더라도 의도하지 않은 극미량의 혼입 가능성까지 완전히 막기는 어렵기 때문이다. 예를 들어 과거 국산 콩만 사용한다고 주장하던 업체의 두부에서 유전자변형 콩이 검출된 사건이 있었는데 회사 측은 의도적으로 유전자변형 콩을 사용한 것이 아니라 가공 및 유통 과정에서 우발적으로 섞인 것이라고 주장했다. 당시에는 공인된 정량분석법이 확립되기 전이어서 법적 논란이 지속되었으나 소송 취하로 결론을 내지 못했다. 이 사건을 계기로 유전자 변형콩 혼입에 대한 공인 정량분석법이 확립되었고, 법적으로 유전자변형 농산물의 비의도적 혼입 허용치(3%)가 마련되었다.

이엽우피소의 부작용에 대한 엇갈린 주장도 혼란을 키웠다. 한의학계에서는 이엽우피소가 정부의 공식 기준인 식품 공전과 생약 규격집에 등재되어 있지 않고 호흡곤란 등 일부 부작용에 관한 연구가 있다며 문제를 제기했다. 그러나 식약처는 이엽우피소가 국내에서는 식품 원료로 허가되지 않았지만 중국과 대만에서 이미 식용으로 사용하고 있는 만큼 큰 부작용은 없을 거라고 보았다. 한편 한국독성학회에서는 이엽우피소의 안전성 검증이 이루어지지 않았으므로 섭취하지 말아야 한다고 주장했다. 어느 쪽의 주장에 더 일리가 있을까? 문제는 역시 백수오 제품에 이엽우피소가 얼마나 섞여 있는지 정량적 분석이 불가능하기 때문에 부작용 역시 결론을 내리기 어렵다는 것이다. 식품의 독성은 섭취량을 떠나서는 판단할 수 없기 때문이다. 고사리나 매실 등에도 독성 물질이 있지만 그렇다고 고사리나 매실을 먹지 말라고는 하지는 않는다. 만일 독성 성분이 있는 식품을 먹지 못하게 한다면 우리가 먹을 수 있는 식품의 종류는 엄청나게 줄어들 것이다.

그렇다면 섭취량을 정확히 알 수 없는 경우에는 어떻게 해야 할까? 역사적으로 그 식품을 꾸준히 섭취해왔는지를 참고하는 것이 차선책이다. 우리나라에서는 먹지 않던 것이라도 다른 나라에서 역사적으로 꾸준히 섭취해온 식품이라면 그 안전성을 어느 정도 인정할 수 있다는 것이다. 그런 의미에서 이엽우피소는 중국과 대만에서 허가된 식재료이므로 심각한 독성을 우려할 필요는 없다고 보는 것이 합리적이다. 물론 장기적인 연구를 통해 충분한 과학적 검증이 뒷받침되어야 할 것이다.

그보다 근본적인 의문은 백수오 자체에 얼마나 효능이 있는가 하는 점이다. 이는 사실 건강기능식품 전반의 효능에 대한 의문이기도 하다. 백수오 제품이 개별인정을 받은 기능성은 "갱년기 여성의 건강에 도움을 줄 수 있음"인데, 그 표현만 보아도 아주 모호하고 포괄적이다. 그나마 고시형 기능성 원료에 대해서는 식약처에서 관련 연구자료를 제공하고 있지만, 백수오와 같은 개별인정형 원료에 대해서는 허가 과정과 그 근거에 대한 자료 공개가 미흡한 것이 사실이다. 특히 개별인정형 원료의 기능성 연구는 그 주체가 해당 기업뿐인 경우가 많기 때문에 검증 과정의 객관성이 미흡할 수도 있다. 개별인정형 기능성 원료의 허가 과정을 좀더 투명하게 공개해야 할 필요가 있다.

백수오는 한약재를 이용한 건강기능식품이라서 더 문제가 복잡해진 측면이 있다. 최근 많은 기업들이 한약재를 이용한 건강기능식품을 개발하고 있다. 문제는 한약재의 섭취 경험이 많지 않아 안전성에 의문이 제기될 수 있고 기능성이 애매하다는 것이다. 게다가 식품업계, 한의학계, 의료계의 이해관계에 따라 사건의 해석이 달라지기도 한다. 이러한 다양한 측면을 염두에 두고 향후 한약재를 이용한 건강기능식품의 허가와 관리를 좀더 철저하게 해야 할 필요가 있다.

완전한 식품은 없다

완전식품이라는 말을 많이 들어보았을 것이다. 명확한 정의는 없지만 대체로 '인체에 필요한 영양소가 고루 포함된 식품'이라는 뜻으로 쓰이는 말이다. 우유, 달걀, 현미, 고구마 등이 주로 꼽히고 일본에서는 카레라이스도 완전식품으로 불린다고 한다. 하지만 하나의 식품이 그 자체로 완전할 수는 없다. 완전식품이라는 용어는 영양학적인 용어가 아니라 마케팅 용어다. 그러니 어떤 식품이 완전식품이라고 불린다고 해서 그 식품이 무조건 좋다고 생각해서는 안 된다.

부족한 성분을 보충하는 것은 필요하지만 많이 먹는다고 좋은 것도 아니다. 어떤 성분이든 적정량을 먹는 것이 중요하다. 고용량의 비타민C를 섭취하는 메가도스 요법의 효능을 칭송하는 사람들이 꽤 많지만 비타민C 과다섭취가 신장결석 위험 증가와 관련이 있다는 보고도 있다.[5] 사실 인체에 필요한 비타민은 매우 소량이며, 고용량 요법이 건강에 도움이 된다는 증거는 부족하다.

몸에 좋은 음식 하나로 손쉽게 병을 예방하거나 고치고 싶은 것이 사람의 마음이다. 하지만 그런 건 불가능하며 쓸데없이 돈만 버리는 지름길이다. 사람들은 흔히 당뇨·비만·고혈압 같은 생활습관병의 원인을 식습관에서 찾고 식생활을 바꾸어 병을 고치려고 한다. 하지만 생활습관병은 하나의 독립적인 질병이라기보다는 매우 복잡하게 얽혀 있는 질환군이어서 중복되어 발생하는 경우가 많다. 그 원인 또한 식생활뿐 아니라 생활습관, 운동 부족, 유전적 요인, 노화 등으로 다양하다. 따라서 바른 식습관이 생활습관병을 예방하는 데 도움이 될 수 있고 증세를 호전시킬 수도 있지만, 그렇다고 해서 특정한 음식을 먹거나 먹지 않는 것으로 병을 고칠 수는 없다. 특정한 음식이나 건강기능식품을 '질병 치료 효과'가 있는 것으로 포장해 판매하는 것은 상술에 불과하다. 물론 특정한 음식을 먹고 정말로 건강이 호전될 수도 있다. '플라시보 효과'야말로 과학적으로 검증된 사실이다.

2
전통음식은 몸에 좋다고?

전통은 다 좋은 것인가?

'우리 것은 소중한 것이다.' 누구도 딴죽 걸기 어려운 말이다. 오래전부터 이어져온 우리의 전통에는 조상의 지혜와 선조들의 소중한 역사가 담겨 있다. 특히 음식에 대해서는 전통은 곧 좋은 것이라는 등식이 당연하게 받아들여진다. 전통적인 방식으로 만들었다고 하면 일단 좋아 보인다. 고서古書에 어떤 음식이 좋다고 씌어 있으면 무조건 받아들이고 본다.

1610년 허준이 국내외 80여권의 의서를 참고해 편찬한 『동의보감』은 국보로 지정된 우리의 문화유산이자 유네스코 세계기록유산에 등재된 세계 최초의 공중보건 의서다. 목록 2권, 내과 질환에 관한 내경편內景篇 4권, 외과 질환에 관한 외형편外形篇 4권, 유행병·급성병 등에 관한 잡병편雜病篇 11권, 약재·약물에 관한 탕액

편湯液篇 3권, 침과 뜸에 관한 침구편鍼灸篇 1권 등 총 25권으로 구성
되어 있다.

하지만 문화유산이 아니라 의학서로서 『동의보감』을 오늘날
과학의 눈으로 보면 고개를 갸우뚱하게 만드는 내용도 있다. 예
를 들면 부부가 불화할 때 원앙새 고기로 국을 끓여 몰래 먹이면
부부 사이가 좋아진다든지, 흰 개의 쓸개와 말린 등칡 줄기, 계피
의 노란 속을 섞어 가루로 만든 뒤 꿀에 반죽해 알약으로 먹으면
투명인간이 될 수 있다든지 하는 것들이다.¹ 그밖에도 귀신을 보
는 법이나 유체이탈과 관련된 것으로 보이는 내용도 있다. 일각
에서는 이런 황당한 내용은 『동의보감』의 방대한 내용 가운데 일
부에 지나지 않는다며 두둔하기도 한다. 물론 『동의보감』은 기존
의 수많은 자료를 집대성한 책이므로 당시에 유행하던 미신이나
부정확한 민간요법도 섞였을 것이고 그 내용을 일일이 검증할 수
도 없었을 것이다. 그러니 현대 과학과 어긋나는 내용이 들어 있
는 것도 당연하다고 할 수 있다. 투명인간이 되는 방법처럼 누가
봐도 황당한 내용은 오히려 쉽게 걸러 들을 수 있다. 하지만 문제
는 사실인지 아닌지 한눈에 판단하기 어려운 내용이 전통 의학서
의 명성을 등에 업고 과학적 검증 없이 마케팅에 이용되고, 소비
자들도 옛 책에 씌어 있다는 이유만으로 이를 무비판적으로 받아
들이곤 한다는 점이다.

과거 일본의 나가사끼 지방에는 고추를 먹으면 대머리가 된다
는 속설이 있었다. 그렇다고 한국인들이 매운 음식을 먹으며 대
머리가 될 것을 걱정하지는 않는다. 오히려 속설과는 반대로 고

추의 캡사이신 성분과 콩에 들어 있는 이소플라본을 함께 섭취하면 모발 성장이 촉진된다는 연구도 있다.[2] 과거로부터의 속설을 과학적으로 검증할 수 있게 된 시대에, 조상의 지혜 운운하며 무비판적으로 수용하는 일은 지양해야 한다.

그런 의미에서 옻닭이나 유황오리와 같은 전통식품은 흥미롭기도 하고 약간 걱정도 된다. 옻은 피부 발진을 일으키는 알레르기 물질이고 유황은 독성 물질이다.『동의보감』을 비롯한 옛 문헌에는 옻이나 유황을 법제(독성을 줄이는 등의 목적으로 약재를 가공하는 것)해 치료에 쓸 수 있다는 기록이 있고 많은 사람들이 이를 음식 재료로 이용하고 있다. 하지만 옻닭이나 유황오리가 특별히 어떤 좋은 점이 있는지는 명확하지 않다.[3] 유황오리에 사용하는 유황의 법제 방법은 표준화되어 있지 않고 옻닭을 먹고 전신성 접촉피부염이 발생한 사람이 30%가 넘는다는 보고[4]도 있으니, 주의하는 것이 좋다.

전통 지식이 다 틀렸다는 것은 아니다. 2015년 중국 과학자 투유유 교수는 아르테미시닌이라는 물질을 찾아내 말라리아 퇴치에 기여한 공로로 노벨생리의학상을 수상했는데, 그 뒷이야기가 재미있다. 베트남전에 참전한 중국군이 말라리아로 고생하자 마오쩌둥이 치료제를 개발하게 했고, 이에 중국 과학자들이 전통 약학서를 참고해 개똥쑥에서 아르테미시닌을 찾아냈다는 것이다. 이런 성공 사례는 전통 의학의 가치에 주목하게 하지만, 사실 전통 의학서에 나오는 수많은 약재 가운데 이렇게 과학적으로 유효성이 밝혀진 예는 몇가지 되지 않는다.

몇년 전 '한식 세계화' 바람을 타고 막걸리가 다시 인기를 끈 적이 있다. 머리 아픈 싸구려 술로 천대받던 막걸리가 갑자기 대표적인 우리의 전통주로 우뚝 선 것이다. 그러자 전통 막걸리를 둘러싼 다양한 논쟁도 따라 일어났다. 살균 막걸리는 죽은 막걸리다, 유산균이 많은 막걸리가 좋은 막걸리다, 재래식 누룩이 아닌 일본식 입국^{入麴}을 사용한 막걸리는 전통주가 아니다, 막걸리는 유기농 쌀로만 빚어야 한다 등등 다양한 주장이 나왔다. 하지만 모두들 가장 근본적인 문제는 외면하고 있었다. 누구도 막걸리의 원형을 보거나 맛본 적이 없다는 사실 말이다.

물론 우리 선조들이 막걸리를 살균하지는 않았을 것이고 인위적으로 곰팡이를 접종한 일본식 입국을 사용해 막걸리를 담그지도 않았을 것이다. 그러나 지금처럼 공정이 표준화되지도, 품질관리가 이루어지지도 않던 시절에, 집집마다 제각각의 방식으로 담그던 막걸리가 다 같을 수는 없을 것이다. 지역에 따라 원료가 다르고 누룩에 사용한 곡물이 다르고 누룩 속의 미생물도 다르니 수많은 종류의 막걸리가 만들어졌을 것이다. 그 차이를 무시한 채 막걸리의 '정통성'을 주장하는 것은, 불확실한 전통에 집착하는 이른바 '막걸리 근본주의'다.

한때 거세게 불었던 막걸리 바람이 몇년 만에 급속히 사그라들고 만 것도 무익한 막걸리 근본주의 논쟁의 영향이 없지 않다. 물론 막걸리 산업의 쇠퇴는 연구원 하나 없는 영세적인 업체 규모, 기술 개발은 고사하고 제품 개발 시도조차 꺼리는 경영진의 구식 마인드, 양조협동조합이라는 옥상옥 구조, 정부의 무계획적인 지원 등의 합작품이다. 하지만 모처럼 만난 좋은 시절을 불필요한 전통 놀음으로 허비한 나머지 막걸리의 다양성을 해치고 소비자들에게 막걸리에 대한 긍정적인 인식을 심어주는 데 실패한 측면이 있는 것 또한 부인할 수 없는 사실이다.

이러한 음식 근본주의는 비단 막걸리 논쟁에서만 발견되는 현상이 아니다. 소위 전통음식에 관한 담론이 있는 곳이면 어디서나 비슷한 일이 벌어진다. 확실하지도 않은 '원조'를 따지고 그것만이 진짜라고 생각하는 것은 오히려 전통의 다양성을 해치는 일이다. 뿐만 아니라 전통적인 생산방식을 고수하는 것은 식품 위생의 측면에서 바람직하지 않을 수도 있다. 미생물이 무엇인지, 오염이 무엇인지도 모르던 시대의 방식을 그대로 답습하거나 일부러 복원할 필요도 없을뿐더러 그래서도 안 된다. 전통을 소중하게 생각하는 사람들 가운데 의외로 계량과 정확한 컨트롤을 싫어하는 사람들이 있다. 하지만 제품으로 소비자에게 팔려고 한다면 정량의 재료, 적절한 발효 온도, 최적의 수질, 일정한 최종 알코올 및 잔류물질 농도를 맞춰야 한다. 전통식품이라 하더라도 현대의 과학기술을 접목하여 발전시켜나가는 것이 바람직한 방향일 것이다.

유래가 자꾸 바뀌는 음식들

음식점에 가면 그 음식의 유래와 효능에 대한 장황한 설명이 한쪽 벽을 장식하고 있는 것을 흔히 볼 수 있다. 전통에 대한 사람들의 믿음을 홍보에 이용하는 것은 새삼스러운 일도 아니다. 문제는 전통음식의 유래가 명확하지 않은 경우가 많다는 것이다. 대표적인 예가 설렁탕이다. 설렁탕은 조선시대에 임금이 선농단先農壇에서 풍년을 기원하는 제사를 지낸 뒤 하사한 '선농탕先農湯'에서 유래한 것으로 널리 알려져 있다. 1940년 홍선표가 쓴『조선요리학』이라는 책에서 처음 나온 주장인데, 조선시대 다른 문헌에서는 찾을 수 없는 이야기다. 한편 많은 연구자들은 고려시대에 전해진 몽골어 '슈루'가 변해 '설렁탕'이 되었다고 주장한다. 중세 몽골어로 '슈루'는 맹물에 고기를 넣고 끓인 음식을 말한다.[5] 이쪽이 더 설득력이 있기는 하지만 역시 추정일 뿐 어느 것이 사실인지는 확실히 알 수 없다.

감자탕도 유래가 자꾸 바뀐 음식의 대표적인 예이다. 돼지 등뼈가 주재료이고 감자는 한덩이 정도 들어 있는 탕의 이름이 '돼지등뼈탕'이 아니고 '감자탕'이다보니 그 이름의 유래에 대해 여러가지 추측이 나온 것인데, 돼지 등뼈를 '감자뼈'라고도 하기 때문에 감자탕이 되었다는 설이 한동안 널리 받아들여져왔다. 두산백과사전에서도 감자탕을 삼국시대부터 이어진 전통음식이라고 설명하면서 명칭의 유래로 감자뼈 설을 소개하고 있다. 하지만 관련 업계 종사자들과 연구자들에 따르면 정육점에서 돼지 등뼈를 '감자뼈'라고 부르는 것은 감자탕에 들어가는 돼지뼈여서 그런 것일 뿐, 감자탕의 '감자'는 우리가 잘 아는 그 구황작물이라는 것이 정설이다. 감자가 우리나라에 들어온 것이 19세기 초니, 감자탕이 삼국시대부터 내려온 전통음식이라고 주장하는 것은 무리다.[6]

이렇듯 우리 전통음식의 기원을 명확하게 추적하기란 어렵다. 유래에 관한 기록도 찾기 어렵고, 간혹 기록이 있다 하더라도 신빙성이 떨어지는 것이 적지 않다. 게다가 식문화는 시대에 따라 끊임없이 변화하게 마련이다. 설렁탕이든 감자탕이든, 그 원형이라 부를 수 있는 음식이 오래전 우리 역사에 있었더라도 지금의 설렁탕이나 감자탕과는 상당히 달랐을 것이 틀림없다.

생각보다 짧은 전통

우리가 흔히 먹는 배추김치의 역사는 얼마나 되었을까? 음식문화사 연구자인 주영하 교수는 100여년밖에 되지 않는다고 주장한다.[7] 19세기 말 지금과 같은 결구배추(속이 꽉 찬 배추)를 중국에서 들여와 서울 왕십리에 심어 재배에 성공한 이후로 배추김치가 널리 퍼졌다는 것이다. 물론 배추김치 이전에도 김치는 있었다. 김치에 고춧가루가 쓰인 것은 고추가 수입된 임진왜란 때 이후의 일이지만, 그전에도 채소를 소금에 절인 침채류를 먹었다는 사실을 고려시대 문헌에서 확인할 수 있다. 절인 채소는 아마 한반도에서 농경을 시작하면서부터 먹었을 수도 있다. 그러나 그 형태는 오늘날의 김치보다는 장아찌에 가깝다고 보는 편이 맞을 것이다.

쌀밥은 어떨까? 우리나라에서 발견된 가장 오래된 볍씨는 약 1만 5,000년 전의 것으로 알려져 있다. 하지만 일반 백성들이 본격적으로 쌀밥을 먹기 시작한 것은 모내기가 전국적으로 전파되어 벼 생산량이 늘어난 조선 영조 시기 이후라고 한다.[8] 그러나 그 이후에도 사람들은 쌀이 떨어지는 봄철이면 늘 보릿고개에 시달렸고, 1970년대까지만 해도 쌀이 부족해서 혼분식 장려정책이 실시되었다.

우리나라 회식 메뉴 1위인 삼겹살은 본격적인 역사가 반세기도 채 되지 않는다. 탄광에서 분진을 많이 마시는 광부들이 목에 기름칠을 하기 위해서 먹기 시작했다는 설도 있으나, 그보다는 식탁에 프로판 가스불이 놓이기 시작한 1970년대 후반에 등장했다는 것이 정설이다.[9] 이후 1980년대에 돼지고기 수출이 늘면서 남아도는 부위인 삼겹살이 대중화되었고, 1990년대 후반 IMF 외환위기 때 소비가 폭발적으로 성장했다.

최근 위생 논란이 일었던 천일염도 생각만큼 역사가 길지 않다. 우리의 전통 소금은 대부분 바닷물을 끓여서 만드는 자염煮鹽이었다. 바닷물을 가둬 자연 증발시켜 만드는 천일염은 1907년 일본의 기술로 인천 주안 지역에 염전을 만들면서부터 생산되기 시작했다. 이후 일제강점기를 거치면서 갯벌이 넓은 서해안을 중심으로 천일염전이 만들어졌다. 그러나 일본에는 천일염전이 거의 없고 천일염을 잘 사용하지도 않는다.[10] 이렇듯 과거의 식문화는 우리의 예상과 다른 경우가 많다.

전통을 재현할 수 있을까?

물론 우리 음식의 전통을 밝히는 것은 역사적으로 무척 의미 있는 일이다. 바람직한 전통을 되살리는 일도 필요하다. 그러나 유감스럽게도 전통음식과 관련해 가장 어려운 것이 바로 전통음식을 재현하는 일이다.

일단 자료가 충분하지 못하다. 조선은 '기록의 나라'라고 불릴 만큼 역사 기록이 방대하지만, 음식에 관한 기록은 그리 많지 않다. 대표적인 것으로 1450년경 어의御醫 전순의가 지은 『산가요록山家要錄』과 1460년에 지은 『식료찬요食療纂要』, 1540년경 김유가 쓴 조리서 『수운잡방需雲雜方』, 1670년 장계향이 지은 최초의 한글 조리서 『음식디미방飮食知味方』, 1766년 유중림이 엮은 농업서 『증보산림경제增補山林經濟』, 1809년 빙허각 이씨가 지은 『규합총서閨閣叢書』, 19세기 말 저자 미상의 조리서 『시의전서是議全書』 등이 있지만 전통음식의 실상을 이해하기에는 부족하다.

더구나 과거의 식재료는 지금 우리가 흔히 보는 것과는 무척 다른 경우가 많다. 같은 품종이라도 기후와 육종 방법, 수확 시기 등에 따라 성분과 특성이 달라진다. 게다가 새로운 품종이 도입되거나 개발되면서 식재료의 종 다양성은 계속해서 줄어들고 있는 실정이다. 대규모 농업 발달로 수확량이 많고 소득이 높은 품종만 집중적으로 재배하기 때문이다. 그러니 과거의 쌀과 오늘날의 쌀이 같지 않고, 과거의 과일과 오늘날의 과일이 같지 않은 것이다.

조선시대의 음식 가운데 타락죽(駝酪粥)이라는 것이 있다. 쌀과 우유를 이용해서 끓인 죽으로, 겨울이면 임금에게 보양식으로 바쳤던 음식이다. 1915년에 쓰인 『부인필지』부터 1987년의 『한국의 맛』까지 총 8권의 책에 그 조리법이 등장한다. 하지만 그 방법이 조금씩 다르고 간을 하는 방법도 다르다.[11] 전통음식을 연구하는 사람들이 타락죽 재현을 여러번 시도했지만 맛이 없어서 고민했다는 후문이 있을 정도다.

앞서 말한 막걸리도 마찬가지다. 막걸리 붐이 일자 여기저기서 자기네 막걸리가 전통 방식으로 제조한 것이라고 주장했지만, 지역마다 집안마다 전해지는 방식이 다르니 어떤 것이 전통을 가장 잘 재현한 막걸리인지는 이견이 있을 수밖에 없었다. 게다가 전통 방식에 충실할수록 소비자 선호도가 떨어지는 측면도 있다. 요즘 막걸리에 익숙한 소비자들은 전통 누룩을 사용해 국취(곰팡이 냄새)가 강하고 탄산이 적으며 감미료를 사용하지 않아 달지 않은 막걸리를 낯설게 여긴다.

미식가들 사이에서 가장 첨예하게 의견이 나뉘는 평양냉면의 경우는 양상이 더욱 복잡하다. 국물은 동치미파와 육수파로 나뉘고 면은 순면파(메밀 100%)와 밀가루 혼합파(메밀과 밀가루가

8:2 또는 7:3)로 나뉜다. 그런데 평양냉면의 적통을 자임하는 평양 옥류관의 냉면은 오히려 냉면 애호가들에게 호평을 받지 못한다. 과연 그들이 좋아하는 평양냉면이 '진짜' 평양냉면일까?

스토리텔링, 전통이 돈과 만날 때

요즘은 지역의 먹거리를 홍보하는 방법으로 '스토리텔링'이 유행이다. 지역의 특산물이나 향토음식이 식품산업과 만날 때 전통은 그럴듯한 스토리텔링의 재료가 된다. 정부와 지자체도 지역 특화 산업을 육성하기 위해 이를 적극적으로 지원하고 있다. 문제는 그렇게 만들어진 많은 스토리가 과학적 근거가 희박하거나 합리적이지 못하다는 데 있다. 지역경제 발전을 위한다는 명목으로 거기에 살이 붙고 지방이 붙어 엉뚱한 효능과 효과를 내세우기도 한다. 대표적인 경우가 천일염이다. 천일염을 한국의 대표적인 명품 소금으로 만들려는 시도까지 나무랄 필요는 없다. 하지만 한국의 천일염은 미네랄이 많아서 몸에 좋다거나, 심지어 과도한 나트륨 섭취가 유해하다고 보기 어렵고 한식의 세계화를 위해서 저나트륨 정책을 수정해야 한다는 주장[12]까지 나오는 것은 식품산업의 이익을 위해 과학적 사실을 외면하고 왜곡하는 것이다. 천일염에 미네랄이 아무리 많다고 해도 거의 대부분은 나트륨일 뿐이다. 1kg의 천일염 가운데 마그네슘, 칼륨, 칼슘 등의 미네랄을 다 합쳐도 15g이 안 되는 반면 나트륨은 320g이 넘는다.

그러니 나트륨 이외의 미네랄 섭취를 위해서는 다른 음식을 먹는 것이 좋다. 발효음식을 기반으로 하는 한식은 나트륨이 과다하게 들어가게 마련이며, 우리나라의 나트륨 섭취량이 세계보건기구WHO 권장량의 두배 이상인 것은 외면할 수 없는 사실이다.

안동소주에 얽힌 이야기도 스토리텔링의 근거에 대해 생각해보게 한다. 업계에 따르면 안동소주는 고려시대에 원나라가 일본을 정벌하기 위해 안동에 병참기지를 세우면서 소주 제조법이 전래된 데서 유래했다고 하는데, 안동소주는 '술 주酒' 자가 아닌 '전국술 주酎' 자를 써서 '燒酎'라고 표기한다. 이를 두고 주정에 물과 감미료를 넣어 만든 일반 희석식 소주는 사실 燒酒이고 안동소주처럼 순도가 높은 증류식 소주가 燒酎라는 이야기를 하지만, 이는 사실과 다르다. 중국은 물론이고 우리나라에서도 전통적으로 증류주인 소주는 燒酒였다. 『조선왕조실록』에도 燒酒는 179회나 나오지만 燒酎는 단 한번도 나오지 않는다. 『승정원일기』에도 燒酒는 105회가 나오지만 燒酎는 한번도 나오지 않는다. 소주에 대한 최초의 기록이라는 『고려사』에도 燒酒라고 되어 있고 표준국어대사전에도 소주의 한자는 燒酒로 되어 있다. 사실 소주에 주酎 자를 쓰는 것은 일본만의 관습으로, 일제강점기 이후 燒酎라는 일본식 표기가 우리에게 보편화된 것일 뿐 제조법과는 무관하다. 전통 방식의 증류식 소주임을 내세워 대중적인 희석식 소주와 다르다는 것을 강조하려다보니 고려시대부터 내려오는 전통주라면서 일본식 표기를 앞세우는 모양새가 되어버린 것이다. 엄밀하지 못한 스토리텔링의 결과다.

전통은 소중하다. 옛 기록 속에는 우리가 잊어버린 중요한 지혜가 들어 있을 수도 있고 미처 발견하지 못한 과학적 사고가 숨어 있을 수도 있다. 하지만 그것은 오늘날 과학의 눈으로 다시 검증되어야 한다. 이를 선조들의 지혜를 알아보지 못하고 서양의 과학에만 의존하는 것이라고 보는 시각은 옳지 않다. 동양의학과 서양의학의 개념으로 대립시킬 필요도 없다. 과학은 동서양에 따라 달라지는 것이 아니다. 서울에서 콩이면 미국에서도 콩이고 아프리카에서도 콩이어야 한다. 전통이 무조건 좋다는 맹신이야말로 오히려 전통을 해치는 주범이다. 이윤을 위해 '전통'이라는 이름만 앞세워 대중을 호도하거나, 변화를 인정하지 않고 옛 방식을 고수해 발전을 게을리한다면 우리는 더이상 새로운 전통을 만들어나갈 수 없을 것이다.

발암물질은 어디에나 있다

위험은 상대적이다

위험을 느끼는 민감도는 사람마다 다르다. 어떤 사람은 비행기 타는 것을 몹시 위험하다고 느끼지만, 어떤 사람은 전혀 불안을 느끼지 않는다. 흡연도 그렇다. 담배에는 15종의 1군 발암물질과 60여가지의 발암 관련 물질이 들어 있다.[1] 건강을 염려하는 사람은 간접흡연도 끔찍해하지만 어떤 사람들은 흡연자의 끔찍한 폐 사진을 담뱃갑에 붙여놓아도 눈도 꿈쩍하지 않는다. 건강에 대한 관심이 증가하면서 국내 흡연자 수는 점점 줄고 있지만 흡연 시작 연령은 오히려 계속 낮아지고 있다는 통계도 있다.[2] 담배의 중독성도 중독성이지만 담배의 위험성을 절실히 느끼지 못하는 사람이 여전히 많다는 뜻이다. 이에 정부에서는 국민 건강을 생각한다는 명목으로 담뱃값을 두배나 올렸지만 흡연율은 예상만큼

줄지 않고 세수만 늘었다.

그렇다고 흡연의 폐해를 증명한 논문과 자료를 들이대며 흡연자를 어리석고 바보 같은 사람이라고 욕할 일은 아니다. '논리 위에 심리'라고, 오히려 반감만 살 뿐이다. 혹자는 볶은 커피에도 발암물질이 19종이나 있다는 식으로 반박하려 할 수도 있다.[3]

흡연하면 폐암에 걸릴 수 있다지만 '그럴 수 있다'라는 말만큼 애매한 것이 없다. 결국은 확률적으로 위험도를 따져야 하는데, 객관적인 위험도를 수치로 제시하더라도 사람들이 느끼는 위험은 다시 개개인의 민감도에 따라 달라진다. 흡연자는 비흡연자보다 폐암 발생 확률이 15~80배 높지만 흡연자의 80%는 폐암으로 발전되지 않는다. 물론 폐암이 흡연으로 인한 악영향의 전부는 아니지만 말이다.

지난 2008년 흡연과 관련된 흥미로운 연구 결과가 나왔다. 인간의 15번 염색체에 위치한 니코틴 아세틸콜린 수용체[nAChR] 유전자의 변이가 폐암 발병률을 높인다는 것이다.[4] 인간은 염색체를 쌍으로 가지고 있으므로 유전자도 쌍으로 가지고 있는데, nAChR 유전자의 한쪽에만 변이가 일어난 사람은 변이가 없는 사람보다 폐암 발병률이 약 28% 더 높고, 양쪽에 변이를 가지고 있으면 무려 81%나 높은 것으로 나타났다. 그렇다고 양쪽에 변이 유전자를 가진 사람만 흡연을 금지하는 법을 만들어 금연을 강제할 수도 없다. 이렇듯 개별 질병에는 다양한 요소가 복합적으로 작용하기 때문에 위험을 평가하는 것은 복잡하고 어려운 문제다. 전문가 사이에서도 종종 의견이 엇갈린다.

2008년 온 나라를 뜨겁게 달구었던 인간 광우병 문제도 비슷한 관점에서 볼 수 있다. 시간이 많이 지났지만 다시 간략히 복습해보자. 동물의 뇌가 스펀지 형상을 보이는 병을 통틀어 전염성 해면상 뇌증TSE, transmissible spongiform encephalopathy이라 하고 그 가운데 소에게서 나타나는 TSE를 소 해면상 뇌증BSE, Bovine spongiform encephalopathy, 흔히 광우병이라고 부른다. 소가 아닌 사람의 뇌가 스펀지처럼 되는 병은 발견자의 이름을 따서 크로이츠펠트·야코프병CJD, Creutzfeldt-Jakob disease이라고 부른다. CJD도 여러가지 원인에 의해 생길 수 있는데, 그중에서 광우병에 걸린 소를 먹고 생기는 CJD를 변종 CJDvCJD, 속칭 인간 광우병이라고 한다.

그렇다면 광우병에 걸린 소고기를 먹고 vCJD에 걸릴 위험은 얼마나 될까? 이 역시 사람에 따라서 민감도가 다르고, 과학자들 사이에서도 의견이 엇갈린다. 숫자로만 따져보자. 1986년부터 2002년까지 영국에서 발견된 광우병 소의 수는 18만마리가 넘는다. 그렇다면 엄청나게 많은 영국인이 광우병 소고기에 노출되었을 것이다. 그러나 1990년부터 2016년 가을까지 26년간 영국에서 vCJD에 걸린 것으로 진단된 사람은 모두 178명이다. 더 긴 잠복기를 거쳐 발병할 가능성을 완전히 배제할 수는 없지만, 지금까지 발병 환자 수는 매년 줄어들고 있어 최근 5년 동안 vCJD 진단을 받은 사람은 2명에 불과하다.[5] 따라서 광우병에 걸린 소고기를 먹었다고 해도 vCJD가 발병할 위험성은 매우 낮다고 보는 것이 타당할 것이다.

vCJD가 수혈을 통해 쉽게 감염된다는 우려도 불안을 키웠다.

실제로 미국 식품의약국^{FDA}은 1980년부터 1996년 사이에 영국에 3개월 이상 거주한 사람의 헌혈을 금지하도록 권고하고 있고, 우리나라도 그 기간에 1개월 이상 영국에 거주한 사람의 헌혈을 금지하고 있다. 그러나 이를 광우병 발병 위험에 대한 근거로 삼는 것은 바람직하지 않다. 보건당국 입장에서는 극히 낮은 확률일지라도 혹시나 생길지 모르는 위험을 막기 위해 노력하는 것이 당연하기 때문이다. vCJD는 지금까지의 환자 수가 너무 적고 수혈에 의한 감염 사례도 3건에 지나지 않아[6] 아직 밝혀지지 않은 부분이 많다. 다만 분명한 것은 전세계적으로 vCJD 환자가 급격하게 줄고 있다는 사실이다.

문제는 인간 광우병의 위험성을 어떻게 평가할 것인가가 아니다. 위험에 대해 느끼는 바는 각자 다르다. 2008년의 사태는 인간 광우병의 위험성에 관한 문제라기보다는 정부의 신뢰와 사회적 합의에 관한 문제였다. 미국산 쇠고기 수입 협상이 인간 광우병의 위험에 대한 국민의 우려를 무시한 채 일방적으로 진행된 데 대한 저항이었던 것이다. 다만 인간 광우병에 대한 불안이 저항의 강도를 더욱 거세게 만든 측면이 있다. 설령 그 불안이 다소 막연했다 하더라도, 과학적 근거를 바탕으로 적절한 수준의 규제를 마련해 국민을 설득하고 불안을 잠재워야 하는 것이 정부의 몫이었다. 하지만 당시 협상 과정에서 드러난 정부의 준비 부족과 이후의 안이한 대처는 사태를 더욱 악화시켰다.

어떤 식품이 위험한지 위험하지 않은지 과학이 단칼에 결론을 내릴 수는 없다. 신중하고 신뢰할 만한 과학자라면 '더 연구해봐야 안다'는 흔한 답을 내놓을 수밖에 없을 것이다. 위험은 어디에나 있다. 어디에 선을 그을 것인지는 과학이 아니라 사회가 합의해서 정하는 것이다. 길을 걷다가 차에 치일 위험이 있다고 운전을 금지하거나 보행을 금지하지는 않는 것처럼, 위험을 어디까지 통제하고 어디까지 허용할 것인지는 사회적 합의의 영역에 속한다. 그 합의를 위한 근거를 제공하는 것이 과학의 역할이다.

발암물질이란 무엇인가

현대인들은 누구나 암을 두려워한다. 사람들은 발암물질이 든 식품을 피하고 항암물질이 든 식품을 찾는다. 그러나 좋은 물질만 든 식품도, 나쁜 물질만 든 식품도 없다. 앞서 말한 "당신이 어떤 식품을 가져와도 그 속에 발암물질이 들어 있거나 항암물질이 들어 있다는 것을 입증해 보일 수 있다"는 말이 괜한 것은 아니다.

암이란 생물학적으로 무척 흥미로운 병이다. 암세포는 죽지 않는 세포다. 모든 세포는 적절한 때에 죽도록 프로그래밍되어 있는데 그 사망 프로그램이 망가진 것이다. 그래서 죽지 않고 계속 살아 분열을 지속하며 문제를 일으키다 결국 자기가 속한 개체를 죽인다.

암의 발병 요인은 여러가지지만 일반적으로 암 유발원이 세포의 DNA에 돌연변이를 일으켜 암세포를 만드는 것으로 알려져 있다. 이런 암 유발원을 영어로 carcinogen이라고 하는데, 보

표6. IARC의 발암물질 분류

그룹	분류 기준	주요 물질
1	인체 발암물질 (인체 발암성에 충분한 근거 있음)	아플라톡신, 벤젠, 벤조피렌, 다이옥신, 에탄올 등
2A	인체 발암 추정 물질 (인체 발암성 자료 제한적, 실험동물 자료 충분)	에틸카르바메이트, 아크릴아미드, 무기납화합물 등
2B	인체 발암 가능 물질 (인체 발암성 자료 제한적, 실험동물 자료 제한적)	아세트알데히드, 벤조퓨란, 납, 나프탈렌, 중유 등
3	인체 발암물질로 분류할 수 없는 물질	암피실린, 카페인, 콜레스테롤, 색소류(수단 1, 2, 3호) 등
4	인체 비발암 추정 물질	카프로락탐

통 '발암물질'이라고 번역하지만 꼭 물질만 해당되는 것은 아니다. 방사능 조사照射나 흡연 같은 행위도 carcinogen 가운데 하나이다. 발암물질을 분류하는 방법은 기관에 따라 여러가지가 있으나 가장 널리 사용되는 것은 WHO 산하 국제 암 연구기관IARC, International Agency for Research on Cancer의 분류법이다.

IARC는 암과 관련된 물질이나 요인을 다섯가지 그룹으로 분류한다. 인체 발암성에 충분한 근거가 있는 그룹 1, 인체 발암 여부는 불충분하지만 실험동물 자료는 충분한 그룹 2A, 인체 발암성과 실험동물 자료 모두 제한적인 그룹 2B, 인체 발암성 물질로 분류할 수 없는 그룹 3, 비발암성이라고 여겨지는 그룹 4가 그것이다. 이 가운데 그룹 1과 2A, 2B는 발암 위험성이 있는 물질이므로 주의가 필요하다.

흔히 IARC 분류의 '그룹'을 '급'으로 번역해 1급 발암물질, 2A급 발암물질이라고 부르지만 엄밀하게는 1군, 2A군처럼 '군'으로 부르는 것이 더 바람직하다. '급'이라는 말을 붙이면 급수가 높을 수록 더 위험한 것으로 오해하기 쉽기 때문이다. 1군 발암물질이라고 해서 2A군 물질보다 더 위험하다는 뜻이 아니라 인과관계가 좀더 명확히 밝혀졌다는 것일 뿐이다. 예를 들어 술과 흡연, 간접흡연은 모두 1군 발암물질이지만 아직까지 충분한 연구가 이루어지지 않은 2A나 2B군 발암물질이 이보다 더 위험할 수 있다는 것이다.

최근 IARC에서는 햄과 소시지 같은 가공육을 1군 발암물질에, 적색육을 2A군 발암물질에 등재했다. 적색육이나 가공육의 지나친 섭취가 대장암 등을 유발할 수 있다는 것이다. IARC는 매일 50g(연간 18.3kg)의 가공육을 섭취하면 대장암에 걸릴 위험이 18% 높아진다고 발표했는데, 하루 평균 6g 정도의 가공육을 섭취하는 우리나라와 달리 전통적으로 가공육 섭취량이 높은 유럽 국가 및 호주 등은 이 발표에 크게 반발했다. 심지어 샤를리 에브도 사건 당시의 구호 '나는 샤를리다'를 패러디한 '나는 베이컨이다'라는 구호까지 등장했다고 하니 그들의 고기 사랑도 참 대단하다.

왜 가공육이나 적색육이 암을 일으킬까? 아직 명확한 인과관계를 알 수는 없지만 염지제 및 발색제로 사용되는 질산과 아질산, 고온으로 가열할 때 발생하는 헤테로고리아민HCA과 다환방향족탄화수소PAH, 그리고 헴철heme iron 등이 용의선상에 오른다. 이 가운데 질산은 고기보다 채소에 더 많고 헴철은 철분보충제로 임산부에게 권장하는 물질이다. 같은 성분인데도 어디에 들어 있고 어떻게 사용하느냐에 따라 위험성이 다르게 측정되는 것이다.

발암물질을 규명하려는 과학적 연구는 분명 의미 있는 일이지만, 발암물질이 들어 있다고 해서 먹으면 안 되는 음식이라는 건 아니다. 발암물질이 든 식품을 전혀 먹지 않으려면 평생을 몇가지 음식으로만 연명해야 할 것이다. 보통 식품에 들어 있는 발암물질은 아주 미량에 불과해 과도하게 섭취하지 않는다면 우려할 필요가 없다. 발암물질을 섭취한다고 무조건 암이 발생하는 것도 아니다. 발암물질에 노출된 정도와 기간, 개인의 유전형 등 다양한 조건이 함께 작용하기 때문이다.

항암식품을 먹으면 암을 예방할 수 있을까?

그렇다면 항암물질은 어떨까? 항암물질이 든 식품을 먹으면 몸에 좋을까? 많은 사람들이 항암물질 또는 항암식품을 찾는다. 어떤 식품을 먹고 암을 고쳤다는 '간증'도 많다. 어떻게 걸리는지도 잘 모르는 암을 음식으로 고친다니 놀라울 따름이다. 항암 효과가 있다는 식품도 다양해서 웬만한 식물성 식품들은 다 해당되는 듯하다. 그런데도 암은 갈수록 더 사람들을 괴롭히고 있으니 아이러니한 일이다.

항암물질이란 암세포의 증식을 억제하거나 암세포를 죽이는 물질을 말한다. 그런데 정상세포의 돌연변이인 암세포는 정상세포와 큰 차이가 없기 때문에 암세포만 죽이고 정상세포는 죽이지 않는 물질은 거의 없다. 많은 항암제가 심각한 부작용을 수반하는 이유가 바로 그것이다. 정상세포가 일부 죽는 것을 감수하고 암세포를 죽이는 것이다. 심지어 7가지 항암제는 1군 발암물질에 속하기도 한다.[7] 암세포를 죽이는 동시에 DNA 변이를 일으킬 수 있기 때문이다.

어떤 식품 속에 항암성분이 들어 있을 때 흔히 그 식품을 항암 식품이라고 부른다. 항암식품이라는 말이 암을 치료한다는 오해를 불러일으킨다고 해서 암예방식품이라고 부르기도 한다. 식품 속 항암물질을 찾는 연구는 대부분 암세포에 특성 물질을 처리해서 암세포 생장이 억제되는지를 관찰하는 방식으로 이루어진다. 그런데 세포 수준의 실험만으로 암이 예방된다고 주장하는 것은 너무나 많은 단계를 뛰어넘는 과감한 논리다.

십자화과 채소인 배추나 양배추, 무 등에는 글루코시놀레이트glucosinolates라는 물질이 포함되어 있어 위암·간암·유방암 세포 증식을 억제하는 효과가 있다는 연구가 많이 보고되어 있다.[8] 배추김치나 열무김치가 위암세포와 결장암 세포 등 다양한 암세포 성장을 억제한다는 연구도 많다.[9] 하지만 역학조사 결과는 이와 반대다. 환자·대조군 연구에 따르면 김치를 많이 먹는 사람은 위암과 대장암 발병률이 더 높다.[10] 명확한 이유는 밝혀지지 않았지만 아마도 김치의 나트륨 함량이 높은 것과 관련이 있는 듯하다. 의약품과 달리 식품 속에는 수많은 성분이 포함되어 있다. 특히 대중에게 인기 있는 '천연식품'은 더욱 그렇다. 9장에서 좀더 자세히 살펴보겠지만 방법론적인 한계도 적지 않다. 항암물질이 들어 있다고 그 식품이 반드시 좋은 식품이 되는 건 아니다.

몇년 전 레드와인이 전립선암을 예방한다는 뉴스가 전세계에 타전된 적이 있다. 레드와인 속의 레스베라트롤resveratrol이라는 물질이 생쥐의 전립선암 진행을 억제한다는 논문을 바탕으로 한 기사였다.[11] 그런데 이 실험에서 생쥐에게 투여한 레스베라트롤의 양은 몸무게 1kg당 625mg이었다. 70kg의 성인으로 환산하면 43.75g을 먹인 셈이다. 레드와인에는 레스베라트롤이 얼마나 들어 있을까? 자료에 따라 다르지만 보통 1리터에 2~7mg 정도가 함유되어 있다고 한다. 계산을 쉽게 하기 위해 1리터에 5mg이 들어 있다고 가정하면 43.75g의 레스베라트롤을 섭취하기 위해서는 체중 70kg의 성인이 하루에 레드와인을 8,750리터나 마셔야 한다. 물론 이렇게 마시기 전에 술에 취해 쓰러질 것이다.

8장에서 좀더 자세히 살펴보겠지만 레드와인이 이처럼 몸에 좋은 술로 자리매김한 것은 그것이 정말 좋은 술이어서라기보다 레드와인의 가치를 높이기 위한 마케팅의 결과였다. 레드와인의 건강 마케팅이 성공하자 다른 주류업계도 이를 따라하기 시작했다. 맥주의 주재료인 홉에서는 암을 예방하는 잔토휴몰xanthohumol 등이 발견되었고,[12] 일본 연구자들도 청주 속 아미노산 등이 암을 예방한다고 선전했다.[13]

그 물결에 한국의 막걸리가 빠지면 서운할 터였다. 한식 세계화의 첨병인 막걸리는 다른 어떤 술보다 다양한 성분을 지녔다.

우리나라 연구진도 2011년 세계 최초로 막걸리에서 항암성분인 파르네솔farnesol을 검출했다.[14] 파르네솔은 허브에 들어 있는 방향 성분으로, 발효시 효모가 만드는 것으로 알려져 있다. 따라서 당연히 맥주나 포도주 같은 술보다 효모가 남아 있는 막걸리에 더 많다. 하지만 그 양은 150~500ppb(10억분의 1)에 불과하다. 항암 효과를 내려면 하루에 13병을 마셔야 한다. 파르네솔의 항암 효과에 대한 근거도 세포 수준의 시험관 실험에 불과하다.[15] 사실 우리 연구진이 발표한 연구 결과의 진정한 의의는 막걸리에 파르네솔이 많다는 것보다는 극미량에 불과한 파르네솔을 검출해냈다는 데 있을 것이다.

막걸리가 몸에 좋으니 레드와인이 몸에 좋으니 하는 사람들이 간과하는 것이 하나 있다. 술이 1군 발암물질에 속한다는 사실이다. 알코올이 대사되어 만들어지는 아세트알데히드도 2B군 발암물질에 올라 있다. 만약 술 속의 어떤 성분이 암세포를 죽인다 하더라도, 그로 인한 항암효과를 보기 전에 아마 알코올 과다섭취나 간경화로 죽을지도 모른다. 술은 건강에 나쁘다. 이건 부정하지 못할 사실이다. 물론 술은 인간 삶의 큰 즐거움 중 하나이고, 친한 사람들과 웃고 즐기며 약간의 술을 마시는 것은 정신건강에도 좋을 것이다. 그러나 정확히 따지면 술은 항암식품보다는 발암식품에 가깝다. 술을 끊지 못할 바에야 조금이라도 몸에 좋은 술을 마시는 게 나을 수는 있겠지만, '레드와인은 몸에 좋다' '막걸리는 몸에 좋다'라고 이야기하기는 어렵다.

2011년 2월, 콜라 속에 발암물질이 들어 있다는 뉴스가 포털사이트와 TV 뉴스를 장식한 적이 있다. 워낙 자극적인 뉴스라 외국의 보도를 찾아보니 ABC 뉴스를 비롯한 몇몇 외국 언론에서도 보도한 내용이었다. 언론은 주로 미국의 소비자단체인 공익과학센터CSPI, Center for Science in the Public Interest 의 문제제기를 전하고 있었다. CSPI는 미국 국립보건원 산하 국립독성학프로그램NTP, National Toxicology Program 의 2007년 연구 보고서를 근거로 콜라 등 여러 식품에 사용하는 캐러멜 색소 제조공정의 부산물인 4-메틸이미다졸4-MEI, 4-methylimidazole 이 생쥐에게 암을 일으킬 수 있다고 주장했다. 또 캘리포니아 주에서는 선도적으로 이 물질을 규제하려는 움직임을 보이고 있다는 소식도 있었다.

그러나 이 주장에는 몇가지 문제가 있었다. 4-MEI는 가장 공신력 있는 발암물질 분류기관인 IARC에서도 인정하지 않는 물질이었다. 또한 NTP의 연구 보고서에서 생쥐mouse 는 일관된 결과를 보였지만 쥐rat 는 결과가 나타나지 않거나 일관적이지 않았다. 게다가 가장 큰 문제는 동물실험에 사용한 4-MEI의 양이 너무 많다는 것이었다. 실험자들은 생쥐에게 4-MEI를 312ppm에서 1,250ppm까지 먹였는데, 이는 사람으로 따지면 하루에 콜라 1,000캔 이상을 마셔야 암에 걸릴 수 있다는 말이 된다.

문제가 된 NTP의 실험에 대해 4-MEI가 쥐rat 에게 발암성이 없는 정도가 아니라 아예 암예방 활성을 나타내는 것으로 볼 수 있다는 소논문brief communication이 그해 1월에 발표되었다.[16] 물론 미국 음료협회에서 자금 지원을 받았다는 것으로 보아 이 논문은 아마도 관련 업계의 대응책 중 하나였을 것이다. 흥미로운 것은 당시 오바마 행정부가 탄산음료에 죄악세를 부과하는 방안을 검토하고 있었다는 것이다.

이후 연구 결과 4-MEI는 동물실험에서 발암성이 인정되어 2013년 IARC의 2B군 발암물질에 등재되었다. 미국 연방정부 차원에서는 아직 4-MEI 사용을 제한하는 법규가 없지만 캘리포니아 주에서는 12온스당 29μg 이상의 4-MEI를 함유하고 있으면 제조업체가 암 경고 라벨을 부착해야 한다.

이 사건의 결론만 놓고 보면 CSPI의 문제제기가 옳았던 것처럼 보이기도 한다. 그러나 4-MEI가 동물이 아닌 인간에게 암을 일으킬 가능성은 여전히 미지수이고 캐러멜 색소를 사용한 음료수를 마신다고 암에 걸릴 가능성은 지극히 낮은 것도 사실이다. 매일 엄청난 양을 마시지만 않는다면 말이다. 이렇듯 식품의 위험성에 대한 평가는 새로운 연구 결과에 따라 지속적으로 수정될 수 있다. 따라서 현재까지 밝혀진 과학적 사실을 바탕으로 합리적으로 판단해야 한다. 과학적 신뢰성을 고려하지 않은 채 어느 한쪽의 입장만을 일방적으로 전달하는 보도는 언제나 주의해야 한다. 사람들의 이목을 끌기 위한 선정적인 정보는 불필요한 불안을 낳는다.

나라마다 다른 규제

매년 10월 국정감사 때가 되면 유해물질에 대한 이런저런 논란이 다소 과하게 벌어지곤 한다. 2014년 10월에는 치약 속 발암물질 논란이 두번이나 있었다. 첫번째 논란은 치약이나 화장품 보존제로 쓰이는 파라벤paraben에 대한 문제제기였고, 두번째 논란은 치약의 색소로 사용되는 적색2호(아마란스) 때문에 벌어졌다.

사실 이 두 물질은 IARC의 발암물질 리스트에 올라 있지 않기 때문에 발암물질이라고 부르기 어렵다. 그래서 일부 언론에서는 '발암 의심 물질'이라고 애매하게 표현하기도 했다. 파라벤은 단일 물질이 아니라 어떤 기능기가 붙느냐에 따라 다양한 종류가 있는데, 유럽연합EU에서는 안전성 자료가 부족한 5종류의 파라벤 사용을 금하고 있다. 반면 적색 2호는 치약뿐 아니라 식품에도 사용을 허용한다. 반대로 미국에서는 치약이나 화장품에 모든 종류의 파라벤을 사용할 수 있고 허용기준치도 없다. 그런데 적색 2호는 식품에 사용하지 못하게 규제하고 있다. 파라벤이 유럽 사람에게만 해롭고 적색 2호가 미국인에게만 해로울 이유가 없는데도 국가에 따라 규제가 다른 것이다.

또 2016년에는 가습기살균제 성분인 메틸클로로이소티아졸리논과 메틸이소티아졸리논 혼합물CMIT/MIT이 함유된 치약을 긴급 회수하는 일이 벌어져 사회적 논란이 일었다. CMIT나 MIT라는 물질은 우리나라에서는 치약에 사용할 수 없는데 일부 치약에서 이 성분이 검출된 것이다. 그런데 이후 식약처가 그 성분이 인체에 유해하지는 않다고 밝혀서 또다른 논란을 불러일으켰다. 사실 미국에서는 CMIT/MIT 성분을 치약의 보존제로 자유롭게 사용할 수 있고 유럽에서는 최대 15ppm까지 사용할 수 있다. 그런데 우리나라 치약에서 검출된 양은 0.0022~0.0044ppm으로 유럽 기준치의 수천분의 1에 지나지 않는다. 그러니 외국 기준으로 보면 문제가 될 이유가 없는 정도였다. 하지만 가습기살균제 때문에 엄청난 비극을 겪은 우리나라로서는 아무리 외국에서 안전하다고 해도 그 성분을 꺼릴 수밖에 없고, 게다가 허가되지 않은 물질이 들어간 것은 잘못이니 회수하는 것이 당연한 것이다. 오히려 우리나라가 선제적으로 대응한 사례라고 할 수 있다.

이렇듯 유해물질에 대한 규제는 문화적인 차이, 행정 절차, 산업적 이해관계, 과학 수준, 소비자운동 등 다양하고 복합적인 요인에 의해 나라마다 다를 수 있다. 어떤 물질을 처음 개발한 나라는 그 물질을 규제하는 데 소극적이기 쉽고, 처음 그 유해성을 발견한 나라는 규제에 좀더 적극적이기 쉽다. 어떤 식품을 역사적으로 오랫동안 먹어온 나라는 규제에 소극적인 반면 그렇지 않은 나라는 적극적일 수 있고, 소비자운동 단체에서 강력히 문제제기를 하는 나라는 규제에 좀더 적극적이고 자국 내에서 별 문제제기가 없으면 소극적이게 마련이다.

대개는 유럽·미국·일본 등 과학 선진국들에서 선제적으로 규제 정책을 펴고 우리나라는 그 과정을 지켜본 다음 뒤따라 규제하는 경우가 많다. 세 나라에서 모두 규제하면 우리도 규제에 나서지만 그중 한 나라만 규제한다면 좀더 두고 보는 식이다. 그러니 파라벤이나 적색 2호처럼 애매한 물질은 결정하기 난감할 수밖에 없다. 그렇다고 관련 연구를 독자적으로 하자면 돈과 시간이 너무 많이 든다. 언론에 의해 국민적 관심사가 된 경우는 다를 수도 있겠지만 말이다.

좋은 물질을 발견했다거나 나쁜 물질을 발견했다고 해서 일희일비할 필요는 없다. 오래전부터 먹어온 식품이라면 더 그렇다. 논란이 된다고 해서 덮어놓고 규제부터 하고 본다면 아마 우리는 먹을 수 있는 음식이 거의 없을 것이다. 다시 강조하지만 중요한 것은 성분 자체가 아니라 함량과 섭취량, 접촉량과 접촉 방식이다.

식품에도 사전예방원칙을 적용해야 하는가

환경 분야에는 사전예방원칙precautionary principle이라는 것이 있다. 사전예방원칙이란 "회복할 수 없는 심각한 환경파괴의 결과를 가져올 가능성이 있는 경우에는 그 결과의 발생에 대한 과학적 입증이 존재하지 않는 경우에도 사전배려의 차원에서 조치가 취해지거나 금지가 내려져야 한다는 원칙"[17]을 말한다. 식품에도 이런 사전예방원칙을 적용해야 한다는 주장이 있다.

제임스 딜레이니James Delaney는 1950년대 뉴욕 주 하원의원이었고, 당시 범죄 도구로 많이 사용되던 자동 나이프의 제조와 판매를 금지하는 법률을 처음으로 발의했을 만큼 안전 문제에 관심이 많은 인물이었다. 그가 이름을 크게 알린 것은 1958년 발의한 연방 식품·의약품·화장품법 개정안 때문인데, 그 내용은 한마디로 식품에는 어떤 발암물질도 첨가되어서는 안 된다는 것이었다. 그 조항은 그의 이름을 따서 '덜레이니 조항'Delaney clause이라고도 불린다. 개정안에서는 그와 함께 GRAS generally recognized as safe 목록도 도입되었는데, GRAS란 "해로운 영향이 나타나거나 증명되지 않고 다년간 사용되어 일반적으로 안전하다고 인정되는 물질"[18]을 말한다. 말하자면 GRAS 물질만 식품에 사용할 수 있도록 규정한 것이다. 덜레이니의 이러한 '제로 리스크 표준'zero risk standard에 사람들은 크게 환호했다.

그 이후 새로운 과학적 지식이 축적되고 분석 기술도 계속 발전했다. 그리고 사람들은 깨달았다. 발암물질은 우리가 생각하는 것보다 훨씬 더 종류가 많고 수많은 식품 속에 숨어 있다는 것을 말이다. 그래서 1988년 미국환경보호청EPA은 덜레이니 조항이 더 이상 실현 불가능하다는 판단을 내렸다. 대신 '최소 허용 위험 표준'de minimis risk standard이라는 개념을 도입했다. 매우 미미하여 무시할 만한 수준의 첨가물은 허용하도록 한 것이다. 하지만 흑백을 가르기는 쉬워도 어디까지가 위험하고 어디까지가 위험하지 않은지 그 정도를 명확하게 판단하기는 어려운 법이다. 위해성 평가를 둘러싼 잡음은 이후로도 끊이지 않고 있다. 규제과학regulatory science이라는 새로운 분야까지 생겨났을 정도다. 규제과학이란 정부가 규제하는 제품의 안전성, 유효성, 품질 및 성능을 평가하기 위한 새로운 기술, 기준 및 방법을 개발하는 학문을 말한다.

덜레이니 조항의 역사에서 보듯이 식품에 사전예방원칙을 적용하는 것은 무리다. 물론 반론도 있다. 그럴 때 주로 등장하는 것이 탈리도마이드thalidomide 사건이다. 입덧방지제로 팔렸던 탈리도마이드는 수많은 기형아의 출산으로 이어졌다. 이 비극적인 예는 식품에 사전예방원칙을 적용해야 하는 근거로 그다지 적절치 않다. 탈리도마이드는 식품이 아닌데다 이 약이 팔렸다가 퇴출된 1960년 무렵과 현재의 안전성 테스트 수준은 크게 다르다. 요즘 같은 분위기면 아스피린도 FDA 허가를 받지 못할 것이라는 농담이 괜히 나오는 것이 아니다. 최근 우리를 충격에 빠뜨린 가습기 살균제 사건을 예로 들어 사전예방원칙의 중요성을 강조할 수도 있을 것이다. 가습기살균제는 식품이 아니라 화학물질이기 때문에 적절한 예는 될 수 없지만 위해성 평가의 문제와 관련해 잠깐 살펴보도록 하자.

가습기살균제 사건은 우리나라 역사상 생활화학제품의 안전성과 관련한 가장 가슴 아픈 사건 중 하나로 기록될 것이다. 이 사건의 핵심은 피부로 접촉하거나 심지어 구강으로 섭취할 때는 상대적으로 안전하다고 확인된 물질이 에어로졸화되어 폐로 직접 들어가면 매우 위험하다는 것을 예상하지 못했다는 데 있다. 그 때문에 살균제 성분을 물과 함께 분무하는 초음파가습기를 사용한 사람들이 집중적으로 피해를 입은 것이다. 생활용품에 사용되는 화학물질에 대한 안전성을 제대로 검증하지 않은 정부와 제도의 허점을 이용해 호흡으로 인한 독성을 간과한 업체의 책임이다. 또 사건이 발생한 이후의 일이지만 실험보고서를 조작한 범죄도 마땅히 단죄받아야 할 것이다.

이 사건으로 향후 생활화학제품의 안전성 검증이 더욱 철저하게 이루어져야 한다는 것은 분명하다. 제품의 구체적인 사용 방식에 따른 화학물질의 인체 흡수 정도를 따져보아 그에 따라 사용량을 제한해야 한다. 항균제나 보존제 같은 살생물제biocide를 다른 화학물질과는 별도로 관리하는 포괄적인 제도를 마련할 필요도 있다. 그렇게 되면 소위 '천연항균물질' 함유 제품은 큰 타격을 입을 수도 있을 것이다. 그 성분들의 독성을 모두 테스트하는 데는 엄청난 비용과 시간이 필요할 것이기 때문이다.

가습기살균제 사건에서 보듯이 때로 과학은 불안전해 보이기도 한다. 그러나 가습기살균제 사건의 원인을 밝혀낸 것도 결국은 과학이었다. 과학이 발전함에 따라 식품에 들어 있는 극미량의 성분들도 속속 밝혀지고 있다. 새로운 물질에 대해서는 엄밀하고 공정한 과학적 검증을 통해 합리적인 사용 기준을 마련해야 한다. 과학이 모든 것을 다 해결해줄 수는 없지만, 과학은 지속적으로 발전하고 있는 인류 최선의 이성적 도구이다.

4
발효식품은 천사가 아니다

발효와 부패는 동전의 양면이다

우리 학과에 지원한 고등학생들에게 어떤 음식이 몸에 좋다고 생각하는지 물어본 적이 있다. 그랬더니 놀랍게도 50% 이상의 학생이 된장, 김치, 청국장 등 발효식품이라고 대답했다. 사람들 사이에서 발효식품이 몸에 좋다는 것은 이제 상식인 듯하다.

발효란 무엇일까? 사전적인 정의로 발효란 유기물이 미생물이나 효소에 의해 분해 및 변화되는 과정을 말한다. 그런데 식품 관련 도서를 뒤져보면 '부패'라는 단어가 발효와 항상 같이 등장한다. 왜냐하면 둘은 본질적으로 같은 과정이기 때문이다. 미생물의 분해 결과가 사람에게 유익한가 해로운가에 따라 자의적으로 발효와 부패를 구별하는 것뿐이다. 미생물이 우리 좋으라고 발효를 하거나 나쁘라고 부패를 시킬 까닭은 없다. 미생물은 그저 살기 위해서 자기에게 필요한 일을 할 뿐이다.

인간 장내 미생물에 대한 연구가 최근 엄청난 주목을 받고 있다. 사람에 따라 인삼의 효능이 다르게 발휘되는 이유도 장내 세균과 연관이 있다고 한다. 한국인 100명을 대상으로 장내 미생물의 인삼 사포닌 대사와 장내 미생물의 효소활성을 비교하여 얻은 결과다.[1] 2015년에는 장내 미생물이 항암제 효과를 촉진한다는 연구도 보고된 바 있다.[2] 몸 속 미생물의 종류가 비만 여부나 면역 조절, 심지어 지능과 성격에도 영향을 준다는 보고도 있다.[3]

하지만 장내 미생물이 좋은 역할만 하는 것은 아니다. 장내 미생물이 적색육에 들어 있는 L-카르니틴 L-carnitine 이라는 물질을 트리메틸아민-N-옥시드 trimethylamine-N-oxide 로 바꾸어 동맥경화를 유발할 가능성이 있다는 보고도 있다.[4] L-카르니틴은 체지방 감소에 도움을 줄 수 있는 기능성을 인정받아 건강기능식품 원료로 사용되는 물질인데 장내 세균이 이를 동맥경화 유발물질로 바꿔버리는 것이다. 이렇듯 미생물은 좋기도 나쁘기도 하다.

사람에게 유익하면 발효라고 한다지만 유익하다는 것이 꼭 건강에 좋다는 것도 아니다. 술은 효모가 당분을 발효시켜 알코올(에탄올)을 만든 것이다. 에탄올은 몸에 좋지 않은 물질이지만 효모의 술 발효는 부패라고 부르지 않는다. 몸에는 나쁘지만 인간이 원하는 알코올을 만들어주기 때문에 유익하다고 하는 것이다.

수년 전 OB맥주 직원들이 자사의 특정 맥주를 사들인 사건이 보도된 적이 있다.[5] 일부 소비자들이 특정 일자에 생산된 맥주를 마신 후 맛이 이상함을 느끼고 구토를 하는 일이 일어나자 맥주

회사 측이 공개 리콜을 하지 않고 개별적으로 제품을 회수하다가 들킨 것이다. 그 맥주의 맛을 이상하게 만든 범인은 젖산균(유산균)이었다. 유산균이라면 최근 가장 주목받는 건강기능식품 중 하나다. 유산균이 들어 있는 맥주가 건강에는 더 좋을 수도 있다. 하지만 사람들은 기대하지 않았던 맛에 거부감을 느끼고 구토를 한다. 건강에 좋을지는 몰라도 이 경우는 발효가 아니라 부패다.

이렇듯 발효와 부패는 동전의 양면이다. 아마 인류의 선조들은 상한 것 같은 음식을 먹어보고는 의외로 나쁘지 않고 때로는 더 좋은 점이 있다는 사실을 경험으로 알게 되었을 것이다. 어떻게 해야 그런 일이 반복되는지 알아내고, 이 과정을 거치면 음식을 오랫동안 저장해서 먹을 수 있다는 것을 알게 되었을 것이다. 이것이 발효의 시작이다.

인간다운 삶을 가로막는 괴물, 냉장고?

자본주의적 삶의 폐단은 모두 냉장고에 응축돼 있다. (…) 생태 문제를 해결하고 싶은가? 가족들의 몸을 건강하게 만들 수 있는 안전하고 싱싱한 식품을 원하는가? 그럼 냉장고를 없애라![6]

인문학 전도사로 활약하는 한 철학자가 쓴 도발적인 칼럼이다. 그는 냉장고야말로 공동체가 함께 나눠먹던 문화를 탐욕의 문화로 바꾸고, 위험한 식품을 먹게 만들며, 대량생산과 거대자본을 상징하는 물건이라고 일갈한다. 냉장고를 버려야 인간다운 삶에 가까워질 수 있다고 주장한다. 자본주의적 생활양식의 문제를 직시하자는 그의 뜻을 이해하지 못할 바는 아니지만, 그의 과격한 주장은 많은 이들의 반발을 불러일으켰다.

그가 내다버리자고 한 냉장고는 2012년 영국 왕립과학학회가 선정한 '음식의 역사에서 가장 위대한 발명품 20가지' 가운데 당당히 1위를 차지한 발명품이다.[7] 얼음을 이용해 음식을 차갑게 보관하는 방법은 오랜 옛날부터 쓰였지만 추운 겨울이 아니고서는 얼음을 구하기가 힘들다는 단점이 있었다. 그런데 19세기에 냉장고가 발명된 이후로는 음식을 상하지 않게 오래 보관해서 먹을 수 있게 된 것이다. 그러자 인간의 건강에도 큰 변화가 일어났다. 지난 2011년 국내 연구진의 연구에 따르면 한국의 위암 사망률이 낮아진 1등 공신이 바로 냉장고라고 한다. 냉장고 보급률이 높아지면서 신선한 채소와 과일의 섭취가 늘고 염분 섭취가 줄었기 때문에 위암 사망률이 유의미하게 감소했다는 것이다.[8] 우리나라뿐이 아니다. 미국에서도 위암은 1930년대 가장 발병 비율이 높은 암 중 하나였다. 그러나 1930년부터 2007년까지 인구 10만명당 위암 사망률은 여성의 경우 28명에서 2.3명으로, 남성은 38명에서 5.2명으로 급감했고 현재는 10위 안에도 들지 않는다.[9] 위암 사망률 감소에는 냉장고가 크게 기여했다.

냉장고가 없던 시절 발효는 오래 저장해서 먹는 기술이었다. 적당한 온도와 수분은 미생물이나 효소의 작용을 활발하게 해 음식을 상하게 만드는 좋은 조건이다. 그래서 우리 선조들은 오래 보관하기 위해 음식을 건조하기도 하고 음식에 소금을 뿌리기도 했다. 소금을 뿌리면 음식의 맛이 좋아질 뿐 아니라 악취와 고약한 냄새를 방지할 수 있었다. 미생물이 뭔지 잘 모르던 시절이었지만 그렇게 보관해서 먹는 방법은 '염장'이라고, 그 변화는 '발효'라고 불렀다. 어패류나 콩 등 단백질이 많은 음식에 소금을 넣고 발효한 것이 젓갈과 장류이고, 채소를 염장한 것이 우리나라의 김치나 장아찌다. 대부분의 부패 미생물은 염도가 높은 환경에서는 삼투압이 맞지 않아 잘 자라지 못하고 염도가 높은 곳에서 견디는 미생물은 주로 유산균이나 큰 해가 없는 미생물들이기 때문에 이러한 저장과 발효가 가능했다.

저장이 아닌 다른 목적을 위한 발효도 있다. 가장 대표적인 것이 누룩곰팡이나 효모(이스트)를 이용한 술과 빵 발효인데, 주로 탄수화물이 많은 곡식이나 과일을 이용했다. 또 술을 오래 두면 발효되어 시큼한 맛이 나는 것을 발견하고 이를 조미료로 사용한 것이 식초다.

발효식품이 몸에 좋은 이유

발효식품이 몸에 좋다는 근거는 무엇일까? 우선 발효 과정을 통해 우리 몸에 유익한 물질이 만들어진다. 식초 등에 포함된 유기산, 청국장이나 낫또의 끈적한 실 성분인 폴리감마글루탐산γ-PGA, poly-gamma-glutamic acid 등이 그 예다. 폴리감마글루탐산은 면역 조절이나 항암 작용 등으로 주목받는 물질이다. 또 유산균처럼 우리 몸에 좋은 미생물(프로바이오틱스)을 섭취함으로써 다양한 생리 활성 작용을 기대할 수 있다. 특히 요거트나 김치, 일부 막걸리에 많은 유산균과 비피더스균 등은 장내에 서식하면서 정장(整腸) 작용 이나 면역 강화 역할을 하는 것으로 알려져 있다. 최근에는 프로 바이오틱스를 이용한 아토피 예방 연구도 활발하게 이루어지고 있는데, 아토피 피부염 환자들을 대상으로 프로바이오틱스를 섭 취하게 한 결과 증상이 호전되었다는 연구 결과도 있다.[10]

또 발효식품에 들어 있는 미생물은 소화하기 어려운 성분을 분해하여 소화하기 쉽게 만들어주기도 한다. 우유를 못 먹는 사 람도 요거트는 먹을 수 있는 이유다. 우유 속의 유당은 장에서 포도당과 갈락토오스galactose로 분해되어 흡수되는데, 유당불내 증lactose intolerance이 있는 사람은 이를 분해하지 못해 우유를 마시 면 장이 더부룩해지거나 설사를 일으키기도 한다. 그러나 유산균 으로 우유를 발효해 요거트를 만들면 유당이 분해되어 거북함 없 이 먹을 수 있다. 또한 발효는 감칠맛 성분을 만들어 먹는 즐거움 을 선사하기도 한다. 우리의 전통 조미료인 간장과 된장, 동남아 시아의 어장(魚醬) 등은 발효 과정에서 콩이나 생선 단백질이 분해 되어 감칠맛이 난다.

하지만 발효가 꼭 우리 몸에 좋은 것만은 아니다. 미생물이 인 간 좋으라고 좋은 일만 할 리는 없다. 그저 자기들이 살기 좋은 환 경이 되었기 때문에 열심히 살았을 뿐이다. 그러므로 발효 과정 에서는 좋지 않은 일도 꽤 많이 일어난다. 다만 우리가 거기에 주목하지 않을 뿐이다.

발효주가 건강에 좋은가?

프렌치 패러독스french paradox라는 말이 있다. 프랑스인들이 포화
지방산이 많이 든 음식을 주로 섭취하는데도 심혈관계 질환이 적
은 것을 두고 하는 말이다. 일부에서는 그 이유가 프랑스인의 레
드와인 소비량이 많은 것과 관련이 있지 않을까 추측했다. 와인
인스티튜트Wine Institute의 자료에 따르면, 프랑스인들의 레드와인
소비량은 2011년 기준 연평균 45리터로 미국인 소비량인 10리터
의 약 4배가 넘는다.

1991년 이 내용이 미국의 인기 시사프로그램「60분」⁶⁰ minutes에
방송돼 큰 화제가 되자 미국의 레드와인 소비량이 44%나 늘었다.
그러자 와인 회사들은 와인의 유익성에 대한 연구를 지원하기 시
작했고, 와인에 들어 있는 폴리페놀과 레스베라트롤이라는 물질
이 건강에 유익하다는 연구들이 발표되었다. 와인은 좋은 술이라
는 인식이 사람들에게 각인되었다. 그렇다면 와인 소비가 늘어난
덕에 미국 내 심혈관계 질환도 줄었을까? 그런 것 같지는 않다.
미국인 사망 원인 1위는 여전히 심혈관계 질환이다.[11]

와인이 다른 술보다 '상대적으로' 나은 점이 있는 것은 사실이
다. 하지만 그렇다고 와인이 '건강에 좋은 술'이라고까지 말하는
것은 무리다. 1군 발암물질에 속하는 술이 건강에 좋다는 것부터

가 일종의 형용모순이다. 발효는 그렇게 단순하지 않다. 포도 속의 당분이 에탄올로 전환되는 과정에서 여러가지 부산물도 함께 만들어진다.

우리의 전통 발효주인 막걸리도 마찬가지다. 모든 술은 알코올 발효를 마치면 효모를 깨끗하게 제거한다. 효모균이 남아 있으면 운송이나 보관 중에 균이 증식해 문제가 되기 때문이다. 일부 맥주에는 효모가 들어 있지만 대부분은 죽은 효모를 발효 후에 첨가한 것이다. 그러나 막걸리는 다른 술과 달리 균을 제거하지 않고 그대로 먹는다. 그래서 막걸리가 몸에 좋은 성분이 많이 함유된 좋은 술이라고 이야기하기도 한다. 하지만 와인과 마찬가지로 막걸리 역시 술이고, 다른 어떤 술보다 다양한 부산물이 만들어진다. 그중에는 아직 우리가 잘 모르는 물질도 많다.

2007년 10월 '수입산 와인에서 발암물질 발견'이라는 뉴스가 전국을 강타한 적이 있다.[12] 와인 속에서 2A군 발암물질인 에틸카바메이트ethyl carbamate가 발견된 것이었다. 문제가 된 에틸카바메이트의 평균 농도는 109ppb로 미국 기준치인 15ppb를 7배 이상 초과했고 최고 26배를 초과한 제품도 있었다. 그런데 에틸카바메이트는 발효나 숙성, 저장 과정에서 알코올(에탄올)과 요소urea가 자연적으로 반응하여 생기는 물질이다. 이 물질은 간장, 김치, 된장 등에도 들어 있다고 보고된 적이 있고 간장에서는 무려 73ppb나 검출되기도 했다.[13]

발암물질이 들어 있으니 간장이나 김치가 나쁘다는 것이 아니다. 중요한 것은 섭취량이다. 간장을 와인처럼 마시는 사람은 없을 테니 크게 걱정할 이유는 없다. 다만 발효 과정에서 유익한 성분뿐 아니라 해로운 물질이 만들어지는 경우도 종종 있다는 것이다. 에탄올과 함께 만들어지는 고도 알코올인 퓨젤유fusel oils도 원치 않지만 발효 중에 만들어지는 물질 중 하나다. 퓨젤유는 레드와인을 마시고 생기는 두통Red wine headache이나 막걸리를 마시고 생기는 숙취의 원인 중 하나로 의심받고 있다.

아무나 집에서 발효식품을 만들어 먹을 수도 있지만, 사실 발효는 정교하게 제어해야 하며 따져볼 것 많은 과정이다.

'항암식품' 김치와 된장도 해로울 수 있다

한국을 대표하는 식품인 김치는 일일이 언급하기 어려울 정도로 장점이 많은 식품으로 알려져 있다. 십자화과 채소 속의 글루코시놀레이트는 다양한 암세포의 증식을 억제하며 배추 속의 베타시토스테롤β-sitosterol과 S-메틸시스테인술폭시드S-methylcystein sulfoxide 등은 콜레스테롤 농도를 낮춘다. 마늘 속의 알리신allicin도 중성지방 저하 및 항산화 효과가 있으며 고추 속의 캡사이신도 지방 분해 촉진 등 다양한 생리활성 효과를 보이는 물질이다. 김치는 그밖에도 바이러스 감염 억제 효과, 유산균에 의한 정장 작용과 면역 조절 효과, 식이섬유에 의한 콜레스테롤 감소 효과 등 책 한권으로도 부족할 만큼 많은 장점으로 칭송받고 있다.

하지만 이 모든 것은 김치의 장점에 대한 연구 결과이다. 찾아

보면 김치가 건강에 해로울 수 있다는 보고도 있다. 앞서 언급한 것처럼 김치를 많이 먹는 사람이 위암 및 대장암 발병률이 더 높다는 연구 등이 그것이다. 배추와 배추김치는 항암효과를 기대할 수 있는 반면 깍두기·동치미 등을 많이 먹는 사람들은 위암 발생률이 높다는 다소 상반된 연구 보고도 있다.[14] 아마도 김치를 통해 과다 섭취하게 되는 나트륨과 함께 질산염 섭취와도 관련이 있는 것으로 여겨진다.

김치의 항바이러스 효과에 대한 호들갑 섞인 해프닝도 되짚어 볼 만하다. 2002년 겨울, 변종 코로나바이러스에 의한 중증급성호흡기증후군 사스SARS가 중국·홍콩·대만·싱가포르·베트남 등 동남아시아를 휩쓸며 700명이 넘는 사망자가 발생했다. 하지만 우리나라에선 단 한명이 감염되는 데 그쳤다. 그러자 혹시 이게 김치 때문일지도 모른다는 이야기가 돌기 시작했다. 사스가 지나간 후에는 이어서 조류인플루엔자H5N1가 유행했지만 그 역시 우리나라를 비켜갔다. 영국 BBC에서 한국의 김치가 이러한 바이러스 감염 질병의 치료에 도움이 될 수 있을지 모른다는 보도를 했고, 덕분에 김치는 세계적인 유명세를 탔다. 조류독감이 수그러든 2008년에는 미국의 건강잡지 『헬스』Health에서 김치를 세계 5대 건강식품 가운데 하나로 선정하기도 했다.

막상 김치의 항바이러스 효과와 관련된 논문을 찾아보면 아직 그 효과가 제대로 검증되지 않았다는 것을 알 수 있다. 유명 의학 논문 검색 사이트에서 김치와 인플루엔자에 관한 논문을 검색해보면 겨우 세편밖에 나오지 않는다. 김치와 바이러스로 검색하면 김치에서 바이러스를 검출한 논문까지 합쳐서 열편이 조금 넘는 수준이다.

사람들이 잘 주목하지 않은 사실이지만, 김치를 자주 먹지 않는 일본에서도 사스와 조류인플루엔자 발병이 거의 없었다. 또 약 100년 전인 1918년 겨울 전세계 수천만명을 죽음에 몰아넣은 스페인독감이 유행했을 때는 우리나라에서도 700만명이 넘는 사람이 독감에 걸려 약 14만명의 사망자가 발생했다. 일제강점기라고 김치를 많이 먹지 않았던 것은 아닐 텐데 말이다.

2015년에는 사스 바이러스의 사촌격인 신종 코로나바이러스로 인한 중동호흡기증후군 메르스^{MERS}가 대한민국을 강타했다. 사스를 그렇게 잘 막아낸 나라가 맞느냐는 비아냥을 들을 정도로 우왕좌왕하는 와중에 우리나라는 사우디아라비아에 이어 세계에서 두번째로 많은 환자가 발생한 나라가 되었고, 무기력한 정부의 대책 앞에서는 김치도 힘을 쓰지 못했다.

김치뿐 아니라 된장도 항암식품으로 칭송받는 대표적인 발효식품이다. 된장에는 콩 속에 들어 있는 이소플라본^{isoflavones} 및 이소플라본 발효물인 제니스테인^{genistein}과 다이드제인^{daidzein}이 풍부해 암 예방에 도움을 줄 수 있다고 한다. 암에 걸린 쥐에게 된장을 먹였더니 암 조직의 무게가 크게 감소했다는 연구 결과도 있다.[15]

하지만 반대로 된장을 많이 먹는 사람은 적게 먹는 사람보다 위암 발병 위험도가 1.6배 높다는 국내 연구 결과도 있다. 일본 연구진도 일본 된장이 폐암 위험도를 4배가량 높인다는 연구 결과를 발표한 바 있다.[16] 된장에는 항암물질도 들어 있지만 위암 발생의 중요 인자인 나트륨과 질산염 등이 많이 들어 있으며, 메주를 발효하는 과정에서 곰팡이 독소가 생길 수도 있다.

1969년 미국 시사주간지 『타임』에 메주가 동양인에게서 가장 많이 발생하는 위암의 주된 원인일 수 있다는 기사가 실린 적이 있다.[17] 이는 당시 전주 예수병원 원장이던 데이비드 존 씰David John Seel 박사가 919명의 한국인 위암 환자를 연구한 결과를 바탕으로 한 것이었는데, 메주에 곰팡이를 띄우는 과정에서 곰팡이 독소이자 발암물질인 아플라톡신aflatoxin이 생길 수 있다는 것이었다. 이에 대해 메주 속의 곰팡이 독소는 장을 담그기 전 메주를 씻는 과정에서 없어진다거나 장을 오래 저장하는 과정에서 분해된다는 등의 반론도 있었다. 그러나 장류 식품에 이런 독소들이 미량이나마 존재하는 것은 사실이다. 비록 크게 걱정할 만한 양은 아니라 해도, 발효 과정을 제대로 통제하지 못하면 우리 몸에 해로울 수도 있다. 정부에서 아플라톡신의 함량 기준치를 10ppb로 정한 것도 그 때문이다.

미생물이 하는 나쁜 짓, 바이오제닉 아민

앞서 말한 에틸카바메이트나 퓨젤유, 곰팡이 독소 외에 발효 과정에서 발생하는 대표적인 유해물질로 바이오제닉 아민biogenic amine이라는 것이 있다. '바이오제닉'은 생물학적인 방법으로 생기는 물질이라는 뜻으로, '바이오제닉 아민'은 미생물의 발효 과정 중에 생기는 아민류 물질을 말한다. 바이오제닉 아민이 세상에 알려진 것은 1967년 네덜란드에서 치즈를 먹고 두통과 고혈압 증상을 호소하는 사례가 보고되면서부터다. 연구 결과 바이오제닉 아민의 일종인 티라민 tyramine 이라는 물질이 그 원인임이 밝혀지면서 발효 과정에서 발생하는 유해물질에 대한 연구가 가속화되었다.[18] 바이오제닉 아민은 하나의 물질이 아니라 아민 그룹을 가진 다양한 종류의 질소화합물을 통칭하는데, 주로 단백질을 함유한 식품이 부패 또는 발효되면서 생성된다. 콩 단백질이 많은 된장이나 우유 단백질이 많은 치즈, 그리고 어류의 발효 과정 중에 생성될 수 있다.

가장 잘 알려진 바이오제닉 아민은 히스타민 histamine 이다. 히스타민은 우리 몸에서 혈액순환, 뇌의 신경전달, 생체 방어 등 중요한 역할을 하는 동시에 가장 대표적인 알레르기 유발물질이기도 하다. 그래서 알레르기 약은 대부분 항히스타민제다. 또 어류의 히스타민은 섭취시 식중독과 유사한 증상을 일으켜 어류의 부패 정도를 측정하는 지표가 되기도 한다. 흔히 하는 말로 고등어는 성질이 더러워서 잡히자마자 죽기 때문에 회로 먹기 어렵다고 하는데, 고등어는 히스타민의 전前 단계 물질인 히스티딘 histidine 이 많고 다른 어류에 비해 세균이 빨리 번식하기 때문에 히스타민으로 인한 구토, 설사, 복통 등을 일으키기 쉽다. 이를 '고등어 중독증' scombrotoxicosis 이라고도 한다.

바이오제닉 아민은 인체 위해 정도가 비교적 낮은 편이라 다른 유해물질에 비해 규제가 뒤늦게 이루어지기 시작했다. 식약처에서 '식품 중 비의도적 유해화학물질' 중 하나로 바이오제닉 아민을 선정해서 저감화 노력을 시작한 것이 2014년의 일이다. 바이오제닉 아민의 생성은 발효 방법에 달려 있으므로 이를 최소화하기 위한 앞으로의 기술 개발이 필요한 실정이다.

발효식품에 대한 맹신은 금물

많은 사람들이 발효식품이 좋다고 생각하는 데는 대부분의 발효식품이 전통식품이라는 것도 크게 작용했다. 하지만 전통식품의 장점을 알리는 데 치중하다보니 발효식품의 단점이 가려진 측면도 있다. '전통'이라는 이름에 집착한 나머지 과학적 발효 기법 개발에는 소홀했던 것이다.

앞서 말했다시피 발효와 부패는 동전의 양면과 같다. 아직까지 우리는 발효를 통해 만들어지는 해로운 물질에 대해 잘 알지 못한다. 전통적으로는 부패균의 생장을 막기 위해 소금을 많이 넣는 방법을 써왔다. 현대에 와서 나트륨 과다 섭취의 해로움이 알려지면서 염도를 낮추면서도 안전한 발효식품을 만들 수 있는 방법이 개발되고 있지만 아직 많이 부족한 실정이다. 발효식품의 장점을 살리면서도 단점을 최소화할 수 있는 규정을 만들고, 전통 제조법을 살리면서도 과학적인 제조 기술을 발전시키려는 노력이 이루어져야 할 것이다.

특히 우리나라는 김치를 직접 담가 먹는 가정이 많고 또 최근에는 막걸리나 맥주도 자가양조하는 사람들이 늘어나는 등 발효를 어렵지 않게 생각하는 경우가 많다. 하지만 기업의 제품은 품질관리 검사를 통해 그 유해성을 점검받는 데 반해 가정에서 만드는 발효식품은 그 과정에서 유해물질의 생성을 통제하기가 어렵다. 적절한 발효법과 유해물질 저감화 방법을 지속적으로 연구하고 보다 안전한 발효식품 제조법을 확산시키는 일이 필요하다.

5

천연은 안전하지 않다

천연과 인공의 이분법

천연식품, 천연섬유, 천연성분…… 사람들은 '천연'이라는 말
이 붙으면 안전한 제품이라고 생각한다. 반면 '인공' '합성' '화
학' 같은 단어에 대해서는 매우 부정적이다. 하지만 자연은 그렇
게 안전하지 않다. 자연은 때로 우리 생각보다 더 위험하다. 인간
은 길고 긴 역사를 통해 자연의 물질 가운데 안전하지 않은 것들
을 배제하는 법을 터득했다. 안전하게 먹을 수 있는 것을 기르기
시작해 농사와 목축을 발전시켰다. 하지만 여전히 자연의 대부분
은 인간이 먹을 수 없는, 또는 먹어봐야 도움이 안 되는 것들이다.

18세기 후반 산업혁명과 더불어 농업혁명의 바람이 불었다. 비
료의 사용과 윤작 등을 통해 대규모 토지를 효율적으로 경영할
수 있게 되면서 농업 생산량이 획기적으로 늘어났다. 품종개량과

사료작물 재배로 목축업 생산성도 향상되었다. 20세기 중반부터는 개발도상국에서도 과학기술을 이용한 품종개량 등으로 식량을 획기적으로 증산하는 녹색혁명이 시작되었다. 병충해 방지를 위한 살충제, 제초제, 농약 등이 개발되어 생산성은 더욱 향상되었다.

하지만 한편으로는 두차례의 세계대전과 원자폭탄의 위력을 경험하면서 과학기술이 인간과 환경을 파괴할 수 있다는 반성도 일어났다. 살충제와 농약 사용으로 농업 생산성은 증가했지만 그 댓가로 자연파괴와 환경오염이 벌어지고 있다는 인식이 확산되었다. 때맞춰 역사적인 책 한권이 전세계 사람들을 각성시켰다. 환경운동의 어머니인 레이첼 카슨Rachel Carson 의 『침묵의 봄』(1962)이었다. 그로 인해 환경운동과 생태학은 새로운 전기를 맞았다.

해양생물학자였다가 작가로 전업한 레이첼 카슨은 『침묵의 봄』에서 화학살충제, 특히 당시 엄청나게 남용되던 DDT가 환경과 야생동물에게 미치는 영향을 적나라하면서도 설득력 있게 알렸다. DDT에 의해 미국의 상징인 독수리가 멸종 위기에 처할 수 있다는 데 미국인들은 충격을 받았다.[1] 인간이 살포한 화학물질이 토양, 물, 야생동물을 거쳐 다시 인간에게 영향을 끼칠 수 있다는 카슨의 말에 화학물질의 유독성에 대한 경각심과 과학기술에 대한 자성이 일기 시작했다.

1874년 최초로 합성된 DDT는 1939년 곤충에게 독성 효과를 발휘한다는 사실이 밝혀지면서 말라리아 등 곤충 매개 질병의 획기적인 치료제로 각광을 받았다. DDT의 곤충 독성 효과를 밝힌

스위스 과학자 파울 뮐러Paul Muller는 1948년 노벨생리의학상을 수상했다. 우리나라에서도 한국전쟁 이후 빈대와 이를 없애기 위해 아이들에게 DDT를 뿌려댔고, 미국에서는 DDT를 넣은 칵테일이 유행하기도 했다. 그랬던 마법의 가루 DDT가 레이철 카슨의 고발로 한순간에 독극물이 된 것이다. DDT는 자연계에 존재하지 않는 물질이라 미생물이 분해할 수 없기 때문에 생물에 축적되어 자손에까지 전해지며, 곤충뿐 아니라 다른 생물에게도 옮겨지기 때문에 천적마저 죽이고 생태계와 환경에 큰 영향을 준다는 사실이 밝혀졌다. 미국정부는 1972년 DDT의 사용을 금지했다.

『침묵의 봄』으로 촉발된 환경문제에 대한 자성은 미국의 베트남전 반대 운동, 히피 문화, 흑인 민권운동 등과 어우러지면서 지성 사회의 분위기를 주도했다. 이때부터 천연 대 인공이라는 이분법적 구분이 시작되어 자연계에 없는 인공물질은 위험한 것, 천연물질은 안전한 것이라는 인식이 널리 퍼지기 시작했다. 살충제를 개발하는 화학기업들은 부도덕한 기업으로 낙인 찍혔고, 화학이라는 단어는 부정적 의미를 지니게 되었다. 아이러니한 일이다. 레이철 카슨이 살충제를 전면적으로 금지하자고 주장한 것도 아니거니와, 무엇보다 천연이건 인공이건 이 세상에 화학물질이 아닌 것이 없으니 말이다.

쓴맛을 본 인공감미료

1970년대 이후 우리 주변의 화학물질들은 끊임없는 의심을 받았다. 수많은 식품첨가물이 과학과 여론의 법정에 올랐는데, 흥미로운 것은 단맛을 내는 물질은 예외 없이 큰 홍역을 겪었다는 사실이다. 천연물질인 MSG나 스테비아도 예외가 아니었다. 그중에서도 가장 큰 피해를 본 물질은 시클라메이트, 사카린, 아스파탐 등의 합성감미료였다.

1번 타자는 시클라메이트cyclamate였다. 시클라메이트는 1937년 미국 일리노이 대학의 한 대학원생이 실험대 위에 담배를 떨어뜨렸다가 우연히 발견한 인공감미료로, 1958년에 안전성을 인증받은 뒤로 엄청난 판매고를 기록했다. 하지만 1970년 사카린과 시클라메이트를 1:10으로 혼합한 물질을 쥐rat에게 먹이면 방광암을 일으킬 수 있다는 연구 결과가 『사이언스』에 발표되면서 논란이 시작되었다.[2] 하지만 이 연구에서 쥐에게 먹인 시클라메이트는 사람으로 따지면 하루에 음료수 350캔을 마셔야 섭취할 수 있을 정도의 엄청난 양이었다. 이후에 이루어진 여러 연구를 통해 통상적인 수준의 시클라메이트 섭취는 암을 유발한다고 볼 수 없다는 결론이 내려졌고, 유럽연합은 1996년 시클라메이트의 사용을 다시 허가했다. 시클라메이트는 현재 전세계 55개국에서 사용되고 있지만 미국과 우리나라에서는 여전히 금지되어 있다.

시클라메이트 파동 때 함께 피해를 본 사카린saccharin은 1977년

다양한 브랜드의 인공감미료

캐나다 연구진이 수컷 쥐에게 사카린을 섭취시킨 결과 방광암 발병률이 높아졌다는 연구 결과를 내놓으면서 다시 법정에 섰다. 하지만 이 실험에 사용된 사카린 역시 사람이 하루에 음료수 800캔을 마셔야 섭취되는 만큼의 엄청난 양이었고, 후속 연구를 통해 설치류와 달리 인간은 사카린 섭취로 인해 방광암이 생길 위험이 없다는 사실이 확인되었다. 사카린은 2000년 발암물질 목록에서 제외되었고 2010년에는 건강에 해롭지 않은 물질로 인정받았다.

사카린과 시클라메이트가 공격받던 시기에 인공감미료 시장을 주도한 것은 아스파탐aspartame 이었다. 아스파탐은 아스파트산aspartic acid 과 페닐알라닌phenylalanine 이라는 두 가지 아미노산의 결합체 한쪽 끝에 메틸기가 붙은 물질이다. 아스파트산은 숙취 해소에 좋다는 콩나물에 많은 아스파라긴산과 같은 물질이고 페닐알라닌은 인간에게 없어서는 안 되는 필수 아미노산 중 하나다. 따라서 아스파탐을 섭취하면 이 두 가지 아미노산을 함께 먹는 셈이니 숙취 해소에 도움이 될지도 모르는 일이다.

문제는 아스파탐의 분해 과정에서 이 두 아미노산 외에 메탄올이 발생한다는 것이었다. 메탄올은 '한잔 마시면 눈이 가고, 두잔 마시면 귀가 가고, 세잔 마시면 아주 간다'는 독극물이다. 물론 아스파탐이 들어 있는 음료수를 마셔서 섭취하는 메탄올의 양은 과일 주스에 자연적으로 들어 있는 메탄올의 양보다도 적다.

아스파탐은 1974년 미국 FDA의 승인을 받았으나 그 과정에 문제가 있다는 비판을 받아 취소되었다가 1981년 다시 승인받았고, 이후 저칼로리 음료 시장을 빠르게 석권했다. 하지만 여전히 악소문이 끊이지 않던 가운데 1996년 「증가하는 뇌종양 발병률 — 아스파탐과 연관이 있는가?」라는 제목의 논문 한편이 세상을 뒤흔들었다.[3] 미국의 뇌종양 발병률 증가와 아스파탐이 관계가 있을지도 모른다는 내용이었다. 저자들도 자신이 없었는지 논문 제목의 마지막에 의문부호를 붙였지만, 이 논문은 인기 시사 프로그램 「60분」에 소개되면서 사람들의 주목을 받았고, 대중은 제목에 달린 물음표에는 눈길을 주지 않았다.

이 주장에는 중요한 결함이 있었다. 논문은 1975년부터 1992년까지 미국의 뇌종양 발병율이 증가한 것이 아스파탐의 섭취량 증가와 관련이 있다고 주장했지만, 아스파탐은 1981년부터 사용되기 시작했기 때문에 70년대와는 무관할 뿐 아니라, 뇌종양 환자는 대부분 70세 이상의 노인이어서 아스파탐을 많이 섭취했을 것으로 보기 어렵기 때문이다.[4] 이후에도 연구가 계속해서 이루어졌지만 아스파탐의 유해성을 입증하는 결과는 나오지 않았다. 시간이 지나면서 아스파탐이 누명을 벗는가 했더니 2005년 림프종 및 백혈병과 아스파탐의 상관관계를 다룬 이딸리아 라마찌니 재단의 연구 결과가 다시 한번 논란을 불러일으켰다.[5] 사람의 1일 섭취 허용량의 2배, 10배, 50배, 100배에 해당하는 아스파탐을 쥐가 자연사할 때까지 매일 섭취시켰더니 암컷 쥐에서 림프종과 백혈병이 발생할 확률이 증가했다는 것이었다. 그러나 이 연구 역시 과량의 아스파탐을 사용한 실험 방식과 그 결과의 해석에 문제가 있다는 전문가들의 지적이 있었고, 이를 계기로 쥐에게 과량의 물질을 섭취시키는 실험 방법에 대한 회의적인 의견이 제기되기도 했다.

결국 아스파탐 역시 시클라메이트나 사카린처럼 무죄선고를 받았다. 하지만 아스파탐이 모든 사람에게 무해한 것은 아니다. 아스파탐의 성분인 페닐알라닌을 대사하지 못하는 희귀 유전병인 페닐케톤뇨증 환자는 주의해야 하기 때문이다. 페닐케톤뇨증 환자는 아스파탐뿐 아니라 거의 모든 단백질 섭취를 주의해야 한다.

MSG는 천연물인가 인공물인가?

앞서 언급한 아스파탐과 뇌종양에 관한 논문의 저자인 존 올니 John W. Olney 는 글루탐산나트륨 MSG, monosodium glutamate 의 격렬한 반대자로도 유명했다. 1969년 그는 『사이언스』에 갓 태어난 새끼 생쥐 mouse 에게 MSG를 피하주사한 결과 뇌 장애, 비만, 불임 등 심각한 문제가 발생했다는 논문을 게재해 큰 주목을 받았다.[6] 하지만 이 실험에서 생쥐에게 주입한 MSG의 양은 몸무게 1kg당 4~8g에 달했고, 이는 체중이 70kg인 성인을 기준으로 환산하면 280g에 해당하는 과량이었다. 성인의 하루 섭취 권고량 2g의 140배에 해당하는 양을, 먹인 것도 아니고 주사로 투여한 것은 확실히 무리한 실험이었다. 이후 MSG를 사료와 같이 먹이면 1kg당 45g 수준에서도 독성이 나타나지 않고 설치류가 아닌 영장류는 과량의 MSG를 주사해도 신경독성을 일으키지 않는다는 연구 결과도 발표되었다.[7]

게다가 새끼 생쥐가 아닌 성인 쥐에서는 과량을 피하주사해도 큰 영향이 나타나지 않았다. 우리가 먹은 물질이 피를 통해 뇌에 들어가려면 혈액뇌관문blood-brain barrier을 통과해야 하는데, 혈액뇌관문은 아무 물질이나 통과시키지 않는다. 소량의 글루탐산이 통과할 순 있지만 그 농도는 정밀하게 통제되며 뇌내의 글루탐산 농도가 훨씬 높기 때문에 섭취한 글루탐산이 영향을 주진 않는다. 하지만 아주 어린 아기는 아직 혈액뇌관문이 충분히 제구실을 하지 못하기 때문에 소량의 글루탐산이 뇌에 들어갈 수 있는 것이다. 사실 올니 박사도 어린이나 임산부에게 MSG를 조심하라고 했지 무조건 MSG가 나쁘다고 한 것은 아니다.

MSG란 과연 무엇일까? 일단 화학조미료라는 말은 잘못이다. 이 세상의 모든 물질은 화학물이기 때문이다. 합성조미료라는 말도 잘못이다. MSG는 코리네박테리움이라는 세균의 발효를 통해 만들어진다. MSG는 일본인 이께다 키꾸나에池田菊苗 박사가 다시

마 국물에서 처음 발견한 물질로, mono는 하나, sodium은 나트륨을 뜻하니 monosodium glutamate란 곧 글루탐산glutamate에 나트륨이 하나 붙은 물질이라는 뜻이다. 이 물질은 물과 만나면 글루탐산과 나트륨으로 이온화된다. 그러니까 MSG가 몸에 나쁘다면 나트륨이나 글루탐산이 몸에 나빠야 한다. 하지만 글루탐산은 가장 흔한 아미노산이자 하루에 우리 몸 속에서 60g 정도 만들어졌다 사라지는 물질이다. 나트륨도 물론 없어서는 안 되는 물질이다. 게다가 MSG로 섭취하는 나트륨의 양은 소금으로 섭취하는 나트륨의 양보다 훨씬 적다.

MSG가 뇌에서 흥분독소excitotoxin로 작용한다는 주장까지 나오면서 MSG에 대한 의심은 더욱 확산되었다.[8] 하지만 학계에서는 흥분독소라는 단어 대신 신경독소neurotoxin 또는 흥분성 신경전달물질excitatory neurotransmitter이라는 용어를 주로 사용한다. 글루탐산이 주요 신경전달물질 중 하나이기 때문에 글루탐산의 과다한 섭취가 뇌에 영향을 줄 수 있다는 것이다. 하지만 앞서 말한 것처럼 음식을 통해 섭취한 글루탐산은 혈액뇌관문을 통해 그 농도가 조절되기 때문에 신경전달물질로서의 역할을 하지 못한다. 글루탐산은 소장에서 흡수되어 95%가 바로 사용되기 때문에 간까지도 잘 가지 않고 혈중 글루탐산 농도가 그다지 높아지지도 않는다. 게다가 혈중 글루탐산 농도(50~100μmol/L)보다 뇌의 글루탐산 농도(10,000~12,000μmol/L)가 200배 가까이 높다. 뇌에서 직접 글루탐산을 만들기 때문이다.[9]

혹자는 글루탐산은 천연물이지만 MSG는 글루탐산에 나트륨을 첨가했으니 합성물이라고 주장하기도 한다. 하지만 글루탐산에 나트륨 이온을 붙이는 것은 발효가 끝난 후 글루탐산의 정제를 쉽게 하고 용해도를 높이기 위해서이다. 글루탐산이나 글루탐산나트륨이나 물에 녹아서 이온화되면 동일한 물질이다. 천연이건 합성이건 화학식이 같으면 몸 속에서 대사되고 분해되는 과정은 동일하다. 몇해 전 인스턴트 커피 제품에서 논란이 일었던 카제인산나트륨과 마찬가지다. 카제인도 우유의 천연 단백질인데 물에 더 잘 녹게 만들기 위해 칼슘 이온 대신 나트륨 이온으로 치환하는 것일 뿐이다. 이를 두고 화학적 합성물 운운하는 것은 상술에 지나지 않는다.

위험한 것은 천연물이다?

도시 생활이 보편화되면서 자연의 삶을 선망하는 사람들이 늘어나고 있다. 사람은 누구나 자기가 갖지 못한 것을 동경하게 마련이다. 하지만 동경의 대상으로서의 자연은 수많은 위험요소가 제거된 관념적 개념일 뿐이다. 사실 자연은 기본적으로 약육강식의 사회다. 들여다보면 볼수록 위험하기 짝이 없는 곳이다.

많은 생물들은 자신을 보호하기 위해 특정한 물질을 내놓는다. 흙 속의 방선균은 다른 세균과의 경쟁에서 이기기 위해 항생물질을 생산하며, 유산균도 박테리오신 bacteriocin 이라는 독특한 항균성 단백질을 생산해 다른 세균을 죽이고 자기 혼자 살아남으려고 노력한다. 사람도 디펜신^{defensin}이라는 물질을 생산해 바이러스나 세균의 침입에 대항한다. 심지어 식물들은 살충 성분뿐 아니라 다른 식물의 생장을 방해하는 성분까지도 생산한다. 이런 성분이 때로 '천연성분'이라는 이름을 달고 여기저기에 사용되고 있지만, 천연성분이라고 안전하다고 생각해선 안 된다.

몇 해 전 인기를 누리던 TV 프로그램 「힐링캠프」에 자연음식 전문가 임지호씨가 출연한 적이 있다. 그는 독초를 잘못 먹은 경험을 전하면서 "실명할 뻔했다. 그때 눈앞이 흐려지면서 아무것도 보이지 않았다"며 "신경이 마비돼 소변을 막 본 적 있다. 또 미치광이 풀을 먹고 하루 종일 웃고 다닌 적도 있다. 산속 풀들은 함부로 먹으면 안 된다"라고 말해 화제가 되었다.[10] 그가 먹은 것이야말로 무공해, 무농약 풀이었을 텐데 말이다.

매년 봄만 되면 산나물을 잘못 먹으면 위험하다는 뉴스가 나온다. '잘 먹으면 약초, 잘못 먹으면 독초'라며 약초와 독초를 구별하는 법까지 알려주기도 하지만[11] 대부분 부질없는 일이다. 야생의 풀은 먹지 않는 것이 좋다. 생물을 생김새로 구분하는 것은 생물학자에게도 쉽지 않은 일이다.

가을에는 독버섯에 의한 식중독이 흔하다. 야생식물 식중독 가운데서 가장 흔한 것이 독버섯에 의한 식중독이다. 숲에서 나는 고기라고 불리는 버섯은 동서양을 막론하고 오래전부터 극찬받아온 식품이다. 하지만 버섯은 잘못 먹으면 심각한 문제가 발생할 수 있다. 고대 이집트에서는 버섯을 먹으면 신을 만날 수 있다고 해서 버섯을 '신들의 식품'이라고 불렀다는데, 이는 독버섯의 환각성을 달리 표현한 말이 아닌가 싶다.

독버섯은 종류가 매우 다양해서 전문가도 독버섯과 식용버섯을 금방 구분하기 어렵다. 일부에선 색깔이 화려한 원색이면 독버섯이고 아니면 식용버섯이라는 엉터리 판별법이 회자되고 있는데 이는 사실이 아니다. 식용버섯은 세로로 잘 찢어진다거나, 대에 띠가 있다거나, 곤충이나 벌레가 먹었다거나, 은수저를 넣었을 때 색이 변하지 않는다거나, 유액이 나온다는 것도 모두 잘못된 판별법이다. 독버섯을 끓이거나 염장하면 독이 없어진다는 것도 사실이 아니다.[12] 한반도에는 약 1,700여종의 버섯이 자생하고 있는 것으로 알려져 있는데 그중에서 식용 가능한 버섯은 20%가 채 되지 않는다. 그러니 자연보호의 측면에서나 건강을 위해서나 함부로 버섯을 따서 먹는 것은 삼가야 한다.

죽음과 바꿀 만한 맛, 복어

중국 송나라의 시인 소동파는 복어를 두고 목숨과 맞바꿀 만한 맛이라고 했다. 실제로 복어는 식중독 사고가 심심찮게 일어나는 생선이다. 일본에서는 1592년 임진왜란을 앞두고 병사들이 자주 복어 식중독에 걸리자 토요또미 히데요시가 복어 금식령을 내린 이래 300년 가까이 복어를 먹기 힘들었다고도 한다.[13]

복어는 전세계적으로 약 120여종이 서식하고 있는데 그중 먹을 수 있는 것은 복섬, 졸복, 자주복, 까치복, 황복, 밀복, 검복, 흰점복,

개복치 등 21가지이며 우리나라에서 잡히는 것은 약 18종이다. 특히 복 중의 복이라고 불리는 황복은 봄이면 산란을 위해 강으로 올라오는 민물복어로 소동파가 예찬한 것도 바로 이 황복이다.

복어는 반드시 복어조리기능사 자격증을 가진 사람이 제독한 것을 먹어야 한다. 복어독은 청산가리보다 치명적이다. 복어독인 테트로도톡신tetrodotoxin은 강력한 신경독소로, 아직까지 해독제도 없다. 복어독을 먹고 시간이 지나면 혀나 입이 얼얼해지는 증상이 나타나며 심하면 전신의 근육이 마비되고 호흡곤란을 일으켜 죽음에 이르기도 한다. 복어독은 주로 복어의 내장과 알, 또는 껍질에 들어 있고 근육에는 없기 때문에 빠른 시간 안에 내장 등을 터뜨리지 않고 독이 있는 부위를 제거해야 한다. 복어독은 무색, 무미, 무취이기 때문에 구별도 불가능하다. 보통 복어회는 접시 바닥이 비칠 정도로 얇게 저며서 먹는데, 조금씩 먹어가면서 중독 증상이 나타나는지 확인하기 위해서라는 속설도 있다.

한때 복어독이 어떻게 만들어지느냐가 논란이 된 적이 있는데, 현재는 복어 자체에서 합성되는 것이 아니라 해양세균인 비브리오, 슈도알테로모나스 등의 미생물에서 만들어져 식물성 플랑크톤으로 옮겨가고 먹이사슬을 거쳐 어류의 내장에 축적된다는 외인설이 더 인정을 받고 있다. 복어 외에도 몇몇 어류에서 테트로도톡신이 발견되곤 한다. 양식 복어는 독이 거의 없거나 매우 약한데, 이것도 양식장에는 독소를 만드는 미생물과 플랑크톤이 매우 적고 양식 사료 때문에 섭취가 제한되기 때문인 것으로 추측하고 있다. 하지만 양식 복어라고 해서 독이 전혀 없는 것은 아니

고, 특히 독이 있는 복어와 섞어놓으면 복어독이 생기기 때문에
주의해야 한다.

살구씨 열풍은 왜 순식간에 사그라들었는가?

한때 전세계적으로 살구씨 열풍이 불었던 적이 있다. 우리나라
에서도 살구씨는 옛날부터 진해, 거담 등의 효과가 있는 것으로 알
려져 한약재로 쓰였다. 미국에서도 인디언들이 암에 걸리지 않는
이유가 자두나 살구의 씨앗 때문이라는 속설이 있었다. 자두·살
구·복숭아 등의 씨앗 추출물인 아미그달린amygdalin은 러시아에서
는 1845년부터 항암제로 사용했고 미국에서도 1920년대에 암 치
료 목적으로 사용한 기록이 있다.[14] 초창기의 아미그달린은 독성
이 매우 심한 것으로 확인되어 사용이 중지되었으나 1950년대 추
출 방법을 바꾸고 함량을 조정하여 래트릴laetrile이라는 이름으로
인기를 얻었다. 아미그달린 또는 래트릴은 과거부터 먹어오던 천
연성분에서 추출한 식품이라며 비타민B17이라는 이름으로 판매
되기도 하지만, 래트릴이 비타민이라는 것은 근거 없는 주장이다.
우리나라에서는 전통적으로 살구씨를 행인杏仁이라는 한약재
로 사용해왔으며 1990년대 살구팩, 살구비누, 살구크림 등 살구씨
를 이용한 화장품들이 천연한방제품이라는 이름으로 시장에 나
왔지만 지금은 그 제품들을 찾아보기 어렵다. 왜 갑자기 살구씨
열풍이 사라져버렸을까? 그 이유는 살구씨의 독성이 널리 알려

지면서 안전성 규제가 강화되었기 때문이다.

　살구씨의 약효 성분이자 독성 성분인 아미그달린은 시안 화합물이다. 시안 화합물로 가장 유명한 물질은 독극물인 청산가리(시안화칼륨)이고 아미그달린은 시안기에 당이 붙은 형태이다. 따라서 인체 내에서 효소에 의해 분해되면 유독할 수 있다. 게다가 아미그달린이나 래트릴은 세포실험이나 동물실험에서만 매우 약한 항암효과를 보였고 사람에게는 효과가 없었다. 결국 이 물질은 FDA의 허가를 받지 못했다. 국내에서도 2009년 살구씨를 건강기능식품에 사용할 수 없는 원료로 지정하였다.

　이런 시안 화합물은 살구씨뿐 아니라 자두, 복숭아, 매실, 사과 씨에도 높은 함량으로 존재하므로 가급적 먹지 않는 것이 좋다. 최근 매실청 담그기가 유행하고 있는데, 청매실의 씨앗과 과육에도 아미그달린이 있다. 과일이 익을수록 시안 화합물의 양은 줄어들지만 다 익은 황매실보다 청매실을 수확해서 매실주나 매실청을 담그는 경우가 많기 때문에 주의해야 한다. 매실주나 매실청의 아미그달린 농도는 100일 정도 지났을 때 kg당 200mg 이상까지 올라간다. 섭취량을 따져보면 위험할 정도는 아니지만 최근에는 장내에 아미그달린을 잘 분해하는 미생물을 지니고 있는 사람은 더 위험하다는 주장도 있다. 1년이 지나면 아미그달린이 거의 없어지므로 인내심을 기르거나 잘 익은 매실을 이용하자.

유명 알레르기 음식은 다 천연물

요즘엔 알레르기와 아토피 피부염으로 고생하는 사람들이 많다. 그래서 알레르기를 일으키는 식품이라면 나쁜 식품으로 생각하는 경향이 있다. 식품 알레르기에 관해서는 개인적으로 아찔했던 경험이 있는데, 라디오 방송에 출연할 때의 일이다. 사과를 주제로 생방송을 하던 중에 진행자가 갑자기 '복숭아 같은 과일과 달리 사과는 알레르기도 없어서 몸에 좋다'고 한 것이다. 당황해서 '많지는 않지만 의학저널에 보면 사과 알레르기도 있기는 하다'라고 받아넘겼는데, 음악이 나가는 동안 사과 알레르기가 있는 청취자들이 문자를 계속 보내오는 것이었다. 생각보다 훨씬 많은 사람들이 사과 알레르기로 고생하고 있었다. 만약 생각 없이 맞장구쳤다면 어떻게 되었을지 아찔하다.

알레르기는 외부 물질에 의해 우리 몸에서 일어나는 면역과민 반응이다. 대부분의 식품 알레르기는 그 식품에만 반응하는 특이성을 지닌 면역글로불린E IgE, Immunoglobulin E 의 작용에 의해 일어난다. 이런 특이적 면역반응에 의해 히스타민과 같은 물질이 분비되면 가려움·두드러기 등 알레르기 증상이 나타나는 것이다. 알레르기를 일으키는 원인은 다 파악하기 어려울 정도로 많다. 흔히 알레르기를 유발하는 식품으로 우유, 계란, 땅콩을 꼽고 농담삼아 이를 '알레르기 3대 천왕'이라고 부른다. 좀더 범위를 넓혀 꼽을 때는 갑각류, 생선, 견과류, 밀, 콩까지 포함되는데 이 8가지가 알레르기를 유발하는 비율이 전체 식품의 90%를 차지한다. 식약처에서는 난류, 우유, 메밀, 땅콩, 대두, 밀, 고등어, 게, 새우, 돼지고기, 복숭아, 토마토, 아황산류 외에 호두, 닭고기, 쇠고기, 오징어, 조개류 등 18종을 '알레르기 원재료 표시 대상'으로 정하고 이들 원재료를 사용했거나 제조 과정에서 혼입될 가능성이 있는 경우 그 재료명을 표시하도록 법적으로 의무화하고 있다.

사실 모든 식품은 알레르기를 유발할 수 있다. 다만 개인의 면역적 특성에 따라 다를 뿐이다. 심지어 물 알레르기가 있어서 샤워를 못하는 사람도 있고 쌀 알레르기 때문에 밥을 먹지 못하는 사람도 있다. 우리 학과 조교는 돈가스 알레르기가 있어서 응급실에 실려간 적이 있는데, 돼지고기도 괜찮고 튀김도 잘 먹는데 돼지고기를 튀긴 돈가스에만 유독 심각한 알레르기 반응을 보인다. 그러나 알레르기 식품이라고 해서 나쁜 식품은 아니다. 단지 알레르기 유발 빈도가 특히 높은 식품이 있을 뿐이다. 대개 알레르기 예방을 위해서는 식품첨가물이나 가공식품을 피해야 한다고 생각하지만, 알레르기를 일으키는 물질은 대부분 천연물이다.

천연 발암물질

커피를 볶으면 생기는 발암물질은 19종에 이른다고 한다. 누구나 한번쯤 들어봤을 아세트알데히드, 벤젠, 포름알데히드, 톨루엔, 과산화수소 등도 커피 속에 들어 있는 천연 발암물질이다. 커피에 들어 있는 카페산caffeic acid도 2B군 발암물질로 분류된 물질이다. 카페산은 목질을 구성하는 리그닌 생합성 대사물질이므로 커피뿐 아니라 대부분의 식물에 고루 존재한다.

또 표고버섯이나 양송이버섯에는 여러 종류의 하이드라진 유도체가 있는데 그중 1,2-디메틸하이드라진1,2-dimethylhydrazine이나 N-메틸-N-포르밀하이드라진N-methyl-N-formylhydrazine 같은 물질도 발암 의심물질이다. 이외에도 후추의 사프롤safrole, 셀러리의 소랄렌psoralen, 고사리의 프타퀼로사이드ptaquiloside 등도 암을 일으키는 것으로 의심받는 물질이다. 1971년에는 고사리 섭취가 일본이나 북웨일스의 높은 위암 발병률과 관련이 있을지도 모른다는 논문이 나온 적이 있고,[15] 얼마 전에는 고사리와 관련된 괴담이 돌기도 했다. 하지만 프타퀼로사이드는 고사리를 물에 데치면 대부분 없어지므로 생으로 먹지 않는다면 그다지 걱정할 이유는 없다.

이렇듯 식물성 천연 발암물질은 무궁무진하다. 인간이 다 테스트해보지 않아서 그렇지 모든 식용식물을 테스트해본다면 아마 지금까지 알려진 것보다 훨씬 더 많은 물질이 죄명을 뒤집어쓸 것이다. 식물성분만 그런 것이 아니다. 앞서 이야기한 복어독 외에도 다양한 동물성 자연독이 존재한다. 심지어 적색육 자체가 2A군 발암물질이기도 하다. 물론 그렇다고 겁먹을 필요는 없다. 천연물질이라고 해서 안전을 보증해주지는 않는다는 것만 명심하면 된다.

유전자변형식품은 위험한가?

얼마 전 주간지 『시사IN』에 흥미로운 기사가 실렸다.[16] 미국 과학진흥협회 AAAS 와 퓨 리서치 센터 Pew Research Center 가 과학자 3,748명과 일반인 2,002명을 대상으로 조사를 했는데, '유전자변형생물 GMO 이 안전할까?'라는 질문에 그렇다고 답한 비율이 과학자 그룹에서는 88%, 일반인 그룹에서는 37%였다는 것이다. 여러 항목에 걸쳐 진행된 조사에서 일반인의 신념과 과학계의 다수설이 가장 상반되게 나타난 것이 바로 GMO에 대한 의견이었다. 기사를 쓴 천관율 기자는 "진보 특유의 반권위주의가 비주류·얼터너티브에 대한 무조건적 선호로 넘어갈 때가 있다고 느낀다"면서 이를 '얼터너티브 중독'이라고 불렀다.

GMO의 GM은 'genetically modified'의 약자인데 그걸 우리말로 옮기자면 좀 애매해진다. 과학자나 기업은 유전자 '변형'이라고 하고 소비자나 시민단체는 유전자 '조작'이라고 한다. GMO란 이렇게 유전자가 변형 또는 조작된 생물체 organism 를 뜻하지만 그 생물체를 우리가 먹기 때문에 흔히 유전자변형(또는 조작)식품이라고 부른다.

'변형'은 형태가 바뀌었다는 뜻이다. 좀더 생물학적인 용어로 말하자면 형질이 변했다는 의미다. 반면 '조작'은 뭔가 나쁜 의도나 목적을 가지고 억지로 만들어낸 듯한 느낌을 준다. 그래서 유전자변형 옥수수라고 하면 유전형이 변한 옥수수라는 뜻으로 들리고 유전자조작 옥수수라고 하면 어딘가 좋지 않게 바뀐 옥수수라는 뜻으로 들린다. 이밖에도 '유전자재조합식품'이라고도 불리곤 했는데, 식약처는 2014년 봄 GMO의 명칭을 '유전자변형'으로 통일한다고 고시했다.

이름이야 어떻든 GMO는 뜨거운 논란의 대상이다. 과학자들은 GMO가 안전하다고 주장하는 반면 상당수 국민들과 시민단체, 심지어 전직 농림부장관조차 GMO가 위험하다고 믿고 있다.[17] 인터넷에도 GMO의 위험성에 대한 부정확한 정보가 넘쳐난다. 그러나 이 가운데 과학적으로 의미있는 것은 거의 없다. 9장에서 자세히 보겠지만 과학적인 듯 보이는 몇몇 실험결과도 방법적 한계와 오류가 있음이 밝혀졌다. 그럼에도 GMO 반대론자들은 소위 전문가라는 이들이 거대 다국적 기업이나 부도덕한 식품기업과 결탁해 GMO를 옹호한다고 주장한다.

사실 과학자들이야말로 기존의 이론을 뒤집을 결과가 발견되기만을 바라는 사람들이다. 만일 GMO가 인간이나 동물에게 심각한 문제를 일으킨다는 것을 밝혀내기만 한다면 훗날 노벨상 수상자가 될지도 모른다.

대부분의 과학자들은 GMO 반대론자들에게 언론이나 책을 통해 자기주장만 하지 말고 검증 가능한 과학적 결과를 가져오라고 요구한다. 거기에는 그런 결과가 나올 가능성이 거의 없다는 확신도 깔려 있을 것이다. 과학자들은 우리가 지금 먹는 수많은 농산물이 육종의 결과이듯 GMO도 육종의 한 방법일 뿐이라고 본다. 오히려 어떤 유전적 변이가 생겼는지 모르는 전통적 육종방법에 비해 GMO는 정확히 한두개의 유전자만 변형시키므로 더 안전하고 제어 가능하다는 것이 중론이다.

과학적 논리만으로는 부족하다고 생각해서인지 일부에서는 GMO를 옹호하기 위해 인류의 식량 위기 탈출이니 미래 농업의 부가가치 확대니 하는 청사진을 제시하기도 한다. 하지만 이는 그리 설득력 있는 근거는 아니다. 인류의 문제는 식량의 부족이 아니라 불균등한 분배고, 설령 GMO가 미래 농업에 새로운 차원을 열어준다고 해도 일부 기업가들의 이익에만 봉사할 가능성이 높다는 것을 사람들은 모르지 않는다.

과학의 역할은 위험성을 판단할 근거를 제공하는 것이다. 최근 노벨상 수상자 107명이 "현재까지 GMO 소비가 인간이나 동물 건강에 부정적인 영향을 미친 사례는 한번도 확인되지 않았다"며 "생명공학으로 개선한 식량 작물에 대한 농업인과 소비자 경험을 재평가하고 권위 있는 과학기관의 연구 결과를 인정해 GMO 반대운동을 중단해야 한다"라는 성명을 발표했다.[18] 하지만 아무리 많은 과학자들이 GMO가 유해하지 않다고 주장해도 사회 구성원들이 용인하지 않으면 인식은 바뀌지 않는다. 더디더라도 설득과 합의를 통해 조금씩 변화를 꾀해야 한다. 그 과정에서 인체 유해성뿐만 아니라 환경적·사회적·경제적 효과 등에 대한 연구도 더 이루어져야 할 것이다.

사실 천연 대 인공의 구도를 촉발한 『침묵의 봄』에서 DDT에 대한 카슨의 주장은 과학적으로 엄밀하지 못한 부분이 있었다. DDT는 당시에도 발암성이 명확하게 밝혀지지 않았고, 지금도 인간에 대한 발암성이 확인되지 않아 IARC의 2A군 발암물질로 분류되어 있다. DDT 사용이 금지된 이후 아프리카 등지에서는 다시 말라리아가 창궐해 많은 사람들이 죽었고, 그러자 2006년 WHO는 이들 지역에서 DDT의 제한적인 사용을 권장하는 것으로 방침을 바꾸었다.

과학적 오류가 조금 있었다고 해서 카슨을 탓하는 것은 아니다. DDT의 사례는 오히려 과학이란 지속적으로 오류를 수정해가는 과정이라는 사실을 보여준다. 문제는 건전과학진흥연맹TASSC, The Advancement of Sound Science Center의 스티븐 밀로이Steven Milloy 같은 인물들이 과학적 논쟁을 정치적 선동으로 변질시켜버리는 것이다. 그는 레이철 카슨 때문에 수백만명이 죽었다고 비난했고, 또 어떤 이들은 카슨을 '공산주의자'라고 매도하기도 했다. 과학이 이념과 정치의 문제로 번지면 진화는 거의 불가능해진다. 신념이 논리를 만들기 때문이다.

환경단체나 소비자단체도 과학적 엄밀함이 아닌 이념적 입장에 따라 편향되게 행동한다는 비난에서 자유롭지 못하다. 이미 충분한 연구를 거쳐 어느정도 결론에 이른 사실에 동의하지 않는 경우도 있고, 이미 과학적으로 반박된 옛날 자료를 가지고 대중을 호도하는 경우도 있다. 다른 수많은 증거를 놔두고 입맛에 맞는 결과가 나온 한두편의 논문에만 집착하기도 한다. 그러고는 반대 입장은 모두 기업과 결탁한 타락한 과학자들의 조작이라고 공격한다. 이 역시 과학적 사실을 이념의 문제로 만들어버리는 방식이다.

과학은 물론 완벽하지 않다. 대부분의 연구 결과는 새로운 연구가 발표되면 수정되거나 발전될 수 있다. 여전히 모르는 부분도 있고 때로는 잘못된 결과가 나오기도 한다. 하지만 분명한 것은 시간이 지날수록 우리는 더 많이, 더 정확히, 더 잘 알게 되리라는 사실이다. 당장은 불완전해 보이더라도 지금 우리가 알고 있는 것, 알아낸 것을 바탕으로 합의해야지 이념적인 기준이나 막연한 불안에 휘둘려서는 안 된다.

다시 강조하지만 천연물이건 인공합성물이건 그 자체로 안전한 것은 없다. 천연이라서 안전한 것이 아니라 천연 중에서 안전한 것만 전해져내려왔기 때문에 대체로 안전하다고 여길 수 있는 것 뿐이다. 안전한 물질은 안전하고 위험한 물질은 위험하다.

햄버거

6

다이어트는 식이요법이다

현대인의 종교, 다이어트

　인간은 점점 비대해져가고 있다. 심지어는 비만이 자연스러운 진화의 결과라는 주장도 심심찮게 들린다.[1] 하지만 사람들은 그 사실을 받아들이지 못한다. 갈수록 외모가 중요한 사회가 되고 미용에 대한 관심이 증가하면서 비만에 대한 적대감은 커져만 간다. 한때 부의 상징이던 비만은 이제 심각한 질병이다. 이러한 경향 속에서 신흥종교가 된 다이어트는 엄청나게 빠른 속도로 교세를 확장하고 있다. 2014년 통계에 따르면 전세계 다이어트 시장의 규모는 5863억 달러(약 634조원)에 이르며 최근 5년 동안 매년 10%가 넘는 꾸준한 성장세를 보이고 있다. 국내 다이어트 시장 규모도 2조원대에 이른다고 한다.[2]

　다이어트라고 하면 우리나라에서는 '살을 빼는 것'을 뜻한다.

그래서 다이어트를 하려면 운동을 하라고 한다. 그러나 영어 diet
의 원래 뜻은 '식이요법', 다시 말해 '먹는 방법'이다. 살을 빼려
면 먹는 방법을 바꿔야 한다. 그러므로 원칙적으로 다이어트와
운동은 다르며, 다이어트를 하면서 운동도 함께 하라고 하는 것
이 맞다.

살을 뺀다고 해도 단순히 몸무게만 줄여서는 안 된다. 땀을 흘
리거나 헌혈을 해도 몸무게는 줄어든다. 정확히는 체지방을 줄여
야 한다. 몸무게가 줄어도 그저 체내 수분이 빠지거나 근육량이
줄어든 것이라면 그건 다이어트가 아니다. 다이어트의 진정한 목
적은 살을 빼는 것이 아니라 건강한 몸을 만드는 데 있다. 많은 사
람들이 건강에 필요한 정상 체중을 만들기 위해 살을 빼야 한다
고 생각한다. 하지만 그 과정에서 건강을 해친다면 그것 역시 바
람직한 다이어트라고 할 수 없다. 몸무게에만 집착하는 다이어트
는 어리석은 일이다.

비만의 과학

비만은 복잡한 문제다. 세상에는 제도 하나, 법 하나를 고치거
나 신설하면 어려운 문제가 쉽게 풀린다고 믿는 사람들이 꽤 많
다. '교육 문제를 풀려면 이것만 고치면 된다'거나 '비정규직 문
제를 해결하려면 이 법만 만들면 된다'는 식이다. 문제를 쉽고 간
단하게 정리하는 사람은 능력이 뛰어난 사람이지만, 그 문제를

쉽고 간단하게 풀 수 있다고 얘기하는 것은 전혀 다른 문제다. 그런 사람은 신뢰하기 어렵다. 대부분의 문제는 보이는 것보다 복잡하다. 비만도 그런 문제 중 하나다.

비만은 성인병의 상징이다. 통계에 따르면 비만인 사람은 그렇지 않은 사람보다 고혈압·당뇨·고지혈증 같은 성인병의 발병 비율이 2배 이상 높다고 한다. 비만은 성인병뿐만 아니라 피부암, 갑상선암, 대장암, 유방암, 자궁암 등 다양한 암의 발병 확률도 높이는 것으로 알려져 있다.

그런데 비만의 기준은 무엇일까? 가장 많이 쓰이는 기준이 몸무게kg를 키m의 제곱으로 나눈 체질량지수BMI, Body Mass Index이다. 예를 들어 몸무게 80kg에 키가 180cm이면 체질량지수는 24.7이 된다. 국제적으로 이 체질량지수가 25를 넘으면 과체중, 30을 넘으면 비만이라고 한다. 그런데 OECD 국가 중에서 비만율이 가장 낮은 나라에 속하는 우리나라에서는 체질량지수가 23을 넘으면 과체중, 25를 넘으면 비만, 30을 넘으면 고도비만으로 분류해 혼동을 일으키기도 한다. 기준이야 정하기 나름이지만, 이런 엄격한 기준이 혹시 다이어트 산업만 키워주는 것은 아닌지 생각해볼 필요도 있다. 최근엔 우리나라 기준대로라면 한국의 비만율이 미국보다 높아진다며 비만 기준을 높여야 한다는 주장까지 제기되고 있다.[3]

아무튼 한국에서 국제 기준으로 비만, 즉 체질량지수 30 이상인 사람은 전체 성인 인구의 4% 내외에 불과한 데 반해 OECD 평균은 18%, 미국은 무려 32%가 넘는다. 따라서 비만과 관련된 외국의 뉴스나 논문은 우리나라에서는 고도비만인 사람에게 해당하는 이야기일 수 있다는 것도 염두에 두어야 한다. 오바마 대통령이 청량음료에 죄악세를 붙이고 영부인 미셸 오바마가 급식 개혁을 통한 아동 비만 퇴치 운동을 벌였던 이유는 미국 국민의 67%가 과체중, 우리 식으로 이야기하면 비만이기 때문이다. 물론 과체중인 사람이 더 오래 산다는 통계도 있다.

과학적으로 비만은 간단한 문제다. 인풋 대비 아웃풋, 즉 칼로리와 대사량으로 쉽게 설명이 가능하다. 먹지 않는데 살찔 수는 없으니 말이다. 물만 먹어도 살찐다는 것은 거짓말이다. (다만 몸이 부을 수는 있다.) 먹는 칼로리보다 더 소모하면 살은 빠진다. 적게 먹고 에너지 소모량을 늘리면 된다는 말이다. 적게 먹을 수 없다면 운동을 해서 대사량을 늘리거나 근육을 키워 기초대사량을 늘려야 한다. 비슷하게 먹어도 살이 쉽게 찌는 사람은 기초대사량이 낮을 가능성이 높다. 다이어트에는 적게 먹고 많이 소모하는 것 외에 특별한 답이 없다.

비만에 관한 여러가지 속설들, 예를 들어 빨리 먹으면 살이 찐다거나 밤에 먹으면 살이 찐다는 것도 결국은 많이 먹기 때문인 경우가 대부분이다. 고추 속의 캡사이신이 지방 분해에 도움을 주어 비만을 억제할 수 있다는 연구도 있지만 실제 통계를 보면 음식을 맵게 먹는 사람들이 더 뚱뚱한데, 그 이유도 역시 더 많이 먹기 때문이다. 매운맛은 입맛을 돋우어 과식을 하게 만든다. 흔히 과일을 다이어트 식품이라고 생각하지만, 과일도 많이 먹으면 비만을 불러올 수 있다.

물론 비만의 원인이 단순히 칼로리와 대사량뿐이라고 이야기할 수는 없다. 최근엔 놀랍게도 바이러스나 세균이 비만과 관련이 있다는 사실이 점점 밝혀지고 있다. 2006년 미국 워싱턴 대학 제프리 고든Jeffrey I. Gordon 박사가 장내 세균의 종류와 체중 증가가 관련이 있다는 연구 결과를 발표한 이래 비만과 장내 세균의 관계는 가장 뜨거운 연구 주제가 되었다.[4] 또 아데노바이러스-36AD-36 이라는 바이러스도 사람과 동물의 체중 증가와 연관이 있는 것으로 알려졌으며, 비만에 관여하는 소위 '비만 유전자'는 지금까지 10여 종이 넘게 보고되었다. 식욕을 조절하는 호르몬인 렙틴leptin 역시 기초대사량과 비만에 영향을 주는 것으로 알려져 있다. 하지만 인슐린에 대해 많이 알게 되었어도 당뇨병이 크게 감소하지 않았듯, 비만에 관한 이런 분자적 메커니즘이 더 밝혀진다 하더라도 당장 비만이 줄어들기는 어려울 것이다. 비만에는 이밖에도 다양한 요인이 함께 작용하고 있기 때문이다.

특히 과학자들이 잘 생각하지 못하는 것이 빈곤, 문화, 기후 같은 사회적 요인이다. 주로 선진국의 경우지만 가난한 사람들이 뚱뚱한 것은 일종의 역설인데, 가난할수록 칼로리 밀도가 높은 값싼 식품을 섭취하는 경향이 높기 때문이다. 빈곤율이 높은 미국 남부 지역의 비만율이 상대적으로 높은 것도 이와 관련이 있다. 그렇다고 미국의 가난한 주가 다 비만한 것은 아니다. 가난한 주 중에서도 몬태나, 텍사스, 뉴멕시코 등은 상대적으로 비만율이 낮은데, 여기에는 음식 문화의 영향도 있다. 튀김을 즐겨 먹는 미국 남부는 켄터키 프라이드 치킨은 말할 것도 없고 '프라이드 그린 토마토'라는 영화 제목에서 보듯이 토마토도 튀겨 먹는다. 또 더운 기후일수록 비만율이 높아지기 쉬운데, 아마도 운동 부족과 연관이 있을 것으로 짐작된다.[5] 꼭 선진국만 그런 것도 아니다. 무더운 남태평양 국가들이나 카타르, 쿠웨이트, 아랍에미리트 등 중동 국가들은 전세계에서 가장 비만율이 높은 축에 든다.

운동으로 살을 뺄 수 있을까?

그렇다면 운동으로 살을 빼는 것은 가능할까? 당연히 가능하다. 다만 생각보다 훨씬 힘들 뿐이다. 육상선수들을 생각하면 쉽다. 매일 몇시간씩 달리면 살이 찔 틈이 없다. 하지만 하루에 한시간 운동할 짬을 내는 것도 어려운 것이 우리 일상이다. 먹고 싶은 대로 다 먹고 나서 짧은 시간 운동하는 것만으로 살을 빼기는 쉽지 않다.

운동을 통해 근육을 키워 기초대사량을 높일 수는 있지만 큰 효과를 기대하기는 어렵다. 전체 대사량의 60~75%를 차지하는 기초대사는 뇌, 간, 심장 등의 필수적인 활동을 위해 이루어지는 대사를 말하는데, 이 가운데 근육이 차지하는 비율은 20% 정도이다. 그러므로 근육을 2배로 키운다 해도 전체 대사량은 12~15% 정도 증가하는 데 그친다. 적은 수치는 아니라고 할 수도 있지만 근육을 키우고 유지하는 데 드는 노력을 생각하면 결코 쉬운 일은 아니다.

하지만 건강을 위해서 운동은 꼭 해야 한다. 체지방을 줄이고 근육을 늘리는 운동은 약간의 체중감량 효과도 있지만 무엇보다 몸을 건강하게 만드는 과정이다. 식이 조절로 부실해지기 쉬운 몸을 운동으로 단단하게 만드는 것이다. 이 과정이 없으면 식이 요법으로 잠시 체중을 줄였다 하더라도 다시 원점으로 돌아가기 쉽다. 균형 잡힌 몸은 운동 없이는 달성하기 어렵다.

수많은 다이어트법, 왜 실패하는가?

지난 수십년간 수많은 다이어트법이 나왔다가 사라졌다. 금방 떠오르는 것만 해도 황제 다이어트, 덴마크 다이어트, 디톡스 다이어트, 지중해 다이어트, 오끼나와 다이어트, 구석기 다이어트, 한방 다이어트, 바나나 다이어트, 원푸드 다이어트, 요가 다이어트, 저탄수화물 다이어트, 현미 다이어트 등등 끝이 없다. 인터넷 서점에서 다이어트에 대한 책을 검색해보면 1천권이 넘게 나온다. 이렇게 다양한 다이어트법이 소개되고 다이어트에 관한 설명이 넘쳐나는데도 비만율은 줄어들기는커녕 오히려 증가하고 있다. 대체 왜 이런 역설적인 일이 벌어지는 것일까?

모든 다이어트법은 나름대로의 진실을 담고 있다. 수많은 책 가운데 어떤 책을 집어들어도 거기에 쓰인 대로 제대로만 실천하면 살을 뺄 수 있는 것은 사실이다. 저자가 사기꾼이 아니라면 말이다. 한편으로, 조금 과장하자면 모든 다이어트법은 상술이다.

다이어트법을 설파하는 사람들도 그 방법으로 다이어트에 성공하는 사람이 거의 없으리라는 것을, 아니, 사람들이 그 방법을 따르지 않으리라는 것을 모르지 않는다. 그럼에도 쉬운 방법임을 내세우며 자신을 알리려 할 뿐이다. 정말 살을 빼는 데 필요한 기초적인 사실은 좀처럼 건드리지 않는다.

욕망해도 괜찮은가?

살을 빼려면 욕망을 줄여야 한다. 먹고 싶은 것을 덜 먹어야 한다. 그게 가장 기본이다. 1일 1식이건, 간헐적 단식이건, 저탄수화물 다이어트건, 디톡스 다이어트건 일단 적게 먹어야 한다. 기본을 무시하고 편법을 쓰려 해서는 안 된다.

인간은 너무 먹는다. 보통 체중 70kg인 성인 남자에게 필요한 열량을 하루 2,500kcal 정도로 보는데 미국인은 하루 평균 약 3,800kcal를 먹는다. 이렇게 먹어서는 무슨 다이어트를 해도 답이 없다. 한국인도 약 3,000kcal를 먹는다. OECD 국가 중에서는 하위권이지만 그래도 많이 먹는다. 다른 나라에 비해 상대적으로는 나은 편이지만 절대적으로는 위험에 다가가고 있다는 말이다.

인간은 먹기를 욕망한다. 식욕은 절대적인 욕구다. 생존을 위한 당연한 욕구이기도 하지만 인간은 그 이상을 먹는다. 물론 다른 많은 생물들도 유사시를 대비해 영양분을 비축한다. 그러나 인간은 그럴 필요가 없는 걸 알면서도 먹는다. 그러다 탐식에 빠진다.

브래드 피트 주연의 영화 「세븐」은 중세 기독교의 7가지 대죄를 소재로 7일 동안 일어나는 7건의 살인사건에 대한 이야기다. 그 7가지 죄악 중 하나가 바로 탐식인데, 영화 속 첫번째 피살자인 비만 남성은 협박에 의해 강제로 먹다가 죽는다.

물론 기독교에서 먹는 것 자체를 죄로 여긴 것은 아니다. 하루 치의 일용할 양식을 위해 기도하는 것은 신에 대한 신뢰의 표현이었으며, 먹을 것을 절제하는 금식과 음식을 나누며 즐기는 만찬은 기독교의 두가지 상반된 전통이었다. 하지만 지나치게 먹는 것과 게걸스럽게 먹는 것, 까다롭게 먹는 것 등은 방탕한 생활로 이어진다는 이유에서 죄악으로 규정되었다.

기독교뿐만 아니라 불교에서도 탐식은 바람직하지 않은 것으로 여겨졌다. 승려들은 남이 주는 대로 먹는 탁발을 수행의 한 방법으로 삼았으며, '점심點心'이라는 말도 마음에 점을 찍을 정도로 간단히 먹는다는 뜻의 불교 용어에서 온 말이다. 이슬람교에서도 1년에 한달 동안 해가 떠 있는 시간에 금식을 하는 라마단을 지킨다. 더 먹고자 하는 욕망을 절제하면서 자신을 돌아보는 시간을 갖는 것이다.

물론 요즘 같은 시대에 욕망을 줄이라는 말은 고리타분한 이야기처럼 들린다. 미국에서 자주 접할 수 있는, 'all you can eat'이라는 상호를 단 뷔페를 보면 먹고 싶은 만큼 실컷 먹는 것이 현대의 자연스러운 욕망인 것처럼 느껴진다. 사람들은 일단 먹고 싶은 만큼 먹은 다음 살은 좀 쉽게 빼고 싶어한다. 하지만 그건 답이 아니다.

맥도날드만 먹고도 살을 뺀다

이렇게 욕망에 충실한 사람들을 달래기 위해 흔히 쓰는 방법 중 하나가 희생양 만들기다. 몇가지 식품이나 성분에 죄를 뒤집어씌우고 그것만 피하면 살찔 걱정을 하지 않아도 될 것처럼 생각하게 만드는 것이다. 그 대표적인 희생양이 설탕, 지방, 콜레스테롤, 탄수화물, 밀가루, 정크푸드, 인스턴트 식품 등이다.

모건 스펄록Morgan Spurlock 감독의 다큐멘터리 「슈퍼사이즈 미」 Super Size Me, 2004는 맥도날드로 대표되는 이른바 정크푸드에 대한 경각심을 일깨우기에 매우 유용한 영화다. 스펄록 감독은 30일 동안 삼시 세끼를 오로지 맥도날드의 음식만 먹었을 때 몸에 어떤 변화가 오는지 자신을 실험대상으로 삼아 직접 보여주었다. 그 변화는 매우 충격적이었다. 몸무게가 11kg 넘게 늘었고 각종 건강 관련 수치가 악화되었으며 우울증, 성기능 장애, 간 질환 증상을 보였다. 우리나라에서도 이 영화를 보고 한 시민단체 단체 간사가 따라했다가 건강이 악화되어 24일 만에 포기한 일이 있었다.[6]

그러나 이 영화와 다른 사례도 있다. 노스캐롤라이나 주에 사는 메라브 모건Merab Morgan이라는 여성은 맥도날드 음식만 90일을 먹고도 몸무게를 16.7kg이나 뺐고, 뉴햄프셔 주에 사는 쏘소 웨일리Soso Whaley라는 여성도 30일 동안 맥도날드에서만 삼시 세끼를 먹고 16.3kg을 뺐다.[7] 아이오와 주에 사는 존 씨스나John Cisna라는 과학교사는 90일간 맥도날드 음식만 먹고 17kg을 감량했고, 게다

가 콜레스테롤 수치도 249에서 170으로 떨어졌다.[8]

이들도 모건 스펄록과 마찬가지로 하루 세끼를 맥도날드에서 파는 음식만 먹었다. 하지만 먹는 양이 달랐다. 이들은 다양한 메뉴를 골라 하루 2,000kcal 이하를 섭취했다. 모건 스펄록은 하루에 약 5,000kcal를 먹었다. 같은 것을 먹었지만 다르게 먹은 것이다.

정크푸드의 무분별한 섭취는 분명 문제다. 하지만 문제는 정크푸드 또는 맥도날드 그 자체가 아니다. 맥도날드를 피한다고 문제가 해결되지는 않는다. 집밥이라도 하루 5,000kcal를 먹으면 건강에 문제가 생긴다. 뭘 먹느냐보다 더 중요한 것은 어떻게 먹느냐다.

저열량 감미료는 비만을 부르는가?

칼로리와 비만은 밀접한 관련이 있다. 하지만 체중 조절을 위해 칼로리 계산만 믿어서는 안 되는 것도 사실이다. 칼로리에도 질이 있다. 칼로리가 높은 음식이라고 다 살이 찌는 것은 아니고 칼로리가 낮은 음식이라도 살이 찌게 만들 수 있다. 그렇더라도 칼로리 자체는 중요하다. 무시해서는 안 된다.

영양사가 아닌 한 대부분의 사람들은 음식의 칼로리를 일일이 다 외우지 못한다. 음식의 양과 질을 매일 따지고 있을 수도 없다. 호르몬의 작용과 대사 속도까지 신경 쓸 수는 더더욱 없다. 게다가 어디선 뭐가 좋다고 하고 다른 데선 나쁘다고 하고, 책이나 연구 논문도 일관성이 없는 듯 보인다. 사람들은 헷갈린다.

인공감미료를 사용한 저열량 탄산음료도 그런 사례 가운데 하나다. 원칙적으로라면 열량이 낮은 음식일수록 살이 덜 쪄야 맞을 것 같다. 그런데 얼마 전 미국 퍼듀 대학교 연구진의 실험 결과 인공감미료를 먹인 쥐가 설탕을 먹인 쥐에 비해 체중과 체지방이 더 늘었다는 뉴스가 나왔다.[9] 이 실험에서 인공감미료를 먹인 쥐의 체중이 늘어난 것은 인공감미료가 쥐의 뇌에 있는 식욕 둔화 호르몬 GLP-1 Glucagon-like peptide-1을 감소시켜 과식을 유발했기 때문이다. 하지만 만약 쥐의 칼로리 섭취를 제한했다면 체중이 늘어나지 않았을 것이다. 결국 먹는 양이 직접적인 원인인 셈이다. 또 인공감미료가 쥐의 호르몬 분비에 영향을 미친다고 해서 사람에게도 그대로 적용되리라는 보장은 없다.

2009년의 다른 연구에서는 상반된 결과가 나타났다. 인공감미료가 든 다이어트 탄산음료를 마신 참여자가 탄산수를 마신 참여자에 비해 GLP-1이 더 많이 분비됐다는 것이다.[10] 또 2013년에는 인공감미료 첨가 음료수가 아닌 인공감미료만 먹었더니 GLP-1의 분비와 상관관계를 찾을 수 없었다는 연구 결과도 있었다.[11] 앞의 연구는 쥐를 대상으로 했고 이 두 실험은 사람을 대상으로 한 것이니 이쪽이 더 진실에 가깝다고 할 수 있겠지만, 확실한 건 아니다.

다만 서로 엇갈리는 이 연구 결과에서 알 수 있는 것이 하나 있다면, 한두가지 연구 결과를 가지고 어떤 식품이 신체에 어떤 영향을 끼치는지 함부로 넘겨짚을 수는 없다는 것이다. 생체의 정밀한 상호작용에 대해 조금이라도 공부한 사람이라면 그렇게 함부로 말하기 어렵다. 그러니 이런저런 다이어트 책들을 섭렵하는 것보다는 차라리 기초과학 공부를 하는 편이 낫다. 아주 기초적인 지식만 있어도 어처구니없는 주장은 걸러 들을 수 있다.

저지방 vs 저탄수화물: 결론은 덜 먹기

살이 찐다는 것은 몸속에 축적된 지방이 늘어난다는 것이다. 그래서 사람들은 지방을 적게 먹으면 지방이 덜 쌓일 것이라고 생각한다. 그러나 인간의 몸은 그렇게 단순하지 않다. 지방의 합성과 분해는 엄밀하게 조절된다.

지방의 합성은 지방산의 합성으로부터 시작되는데, 아세틸-CoA acetyl-CoA, acetyl coenzyme A 라는 물질이 이산화탄소와 결합하여 말로닐-CoA malonyl-CoA 라는 물질로 전환되면서 이루어진다. 그런데 이 아세틸-CoA는 지방이 분해될 때도 만들어지는 물질이다. 따라서 우리가 지방을 섭취하면 분해된 지방에서 아세틸-CoA가 생성되고 이게 다시 지방을 만들어 우리 몸에 축적됨으로써 살이 찌는 것이라고 생각하기 쉽다. 그러나 아세틸-CoA는 지방뿐 아니라 탄수화물의 분해 과정에서도 생성된다. 대부분의 탄수화물은 해당 과정을 거쳐 피루브산 pyruvate 이 되고 미토콘드리아에서 아세틸-CoA로 전환된다. 그러므로 지방의 합성은 탄수화물과 지방 대사 모두와 관련이 있고 혈당을 낮춰주는 인슐린이나 혈당을 높여주는 글루카곤glucagon과 같은 호르몬과도 밀접하게 연결된 과정이다.

따라서 저지방 다이어트냐 저탄수화물 다이어트냐 하는 논쟁은 사실 큰 의미가 없다. 2015년 미국 국립보건원에서 비만인 성인 19명을 대상으로 연구를 진행한 결과 저지방 다이어트가 저탄수화물 다이어트보다 체중 감량에 더 효과적인 것으로 나타난 바있다.[12] 반면 2014년에는 미국 튤레인 대학 연구진이 심혈관 질환이나 당뇨병이 없는 과체중 남녀 148명을 대상으로 연구를 진행한 결과 저탄수화물 다이어트를 한 쪽이 저지방 다이어트를 한 쪽보다 몸무게가 더 많이 빠졌다.[13] 도대체 어느 쪽이 진실일까? 두 실험의 결과가 서로 상반되는 것 같지만 눈여겨봐야 할 점이 있다. 어느 연구든 저탄수화물 다이어트와 저지방 다이어트 모두 효과가 있었다는 것이다. 단지 그 대상과 방법에 따라 효과가 다르게 나타났을 뿐이다.

전체 섭취 칼로리가 적으면 지방이든 탄수화물이든 대부분 에너지를 만드는 데 사용된다. 반면 칼로리가 남아돌면 뭘 먹든 지방으로 바뀌어 저장된다. 물론 똑같은 조건이라면 과량의 탄수화물, 특히 과당이 많은 탄수화물이 지방의 합성과 저장에 더 효율적일 수 있다. 하지만 서양인보다 탄수화물 섭취 비중이 훨씬 높은 아시아인들의 낮은 비만율을 감안하면 결국 저지방이냐 저탄수화물이냐보다는 섭취량이 가장 중요하다는 것을 알 수 있다. 결국 식욕을 제어할 수 있느냐가 문제인 것이다.

최근 TV에서 「지방의 누명」이라는 다큐멘터리가 방송되어 화제를 모았다. 지방만 먹고 수십 킬로그램을 감량해 건강을 되찾은 사례는 사람들의 눈길을 끌기에 충분했다. 그러나 그 방송은 지방의 누명을 벗기는 데는 성공했을지 몰라도 그 죄를 탄수화물에게 뒤집어씌웠다는 점에서 문제적이다. 방송에 소개된 정도의 철저한 탄수화물 섭취 억제와 지방 섭취는 지속하기가 매우 어렵고 사회적으로도 문제가 적지 않다. 지금보다 훨씬 많은 양의 고기를 생산해야 하기 때문이다. 이런 건강 관련 프로그램을 만들 때는 개인의 사례만을 활용하기보다는 관련 연구 논문을 많이 해설해주는 편이 신뢰성을 높일 수 있지 않을까 싶다. 물론 재미는 조금 떨어지겠지만 말이다.

우리가 다이어트에 번번이 실패하는 이유는 욕망을 제어할 능력이 점점 줄어들기 때문이다. 비만의 책임을 개인에게 떠넘기자는 이야기가 아니다. 비만을 줄이기 위한 사회적 노력이 무용하다고 주장하려는 것도 아니다. 다만 적절한 운동과 식사량 조절로 건강한 몸을 만드는 것 외에 지름길은 없다는 사실을 직시하자는 이야기다. 비만은 복잡한 사회적 문제다. 하지만 정말로 비만에서 벗어나려면 수백, 수천가지 다이어트법에 현혹되기보다는 일단 먹는 것부터 조절해야 한다. 앞서 말했듯이 다이어트는 글자 그대로 식이요법이니까 말이다.

SUGAR

2부

과학적으로
먹고
살기

7

식품 정보에 속지 않는 법

불량 식품 정보의 네가지 유형

우리 주변에는 식품 정보가 차고 넘친다. 하지만 식품 정보를 과학적 시각으로 다루는 경우는 별로 많지 않다. 이런 정보가 돌아다니는 곳은 주로 「아침 마당」 「무엇이든 물어보세요」 「생생 정보통」 등 오전과 초저녁의 정보 프로그램, 신문의 생활 정보면 등이다. 종편이 생기면서 온갖 쇼닥터들에게서도 식품 정보를 자주 듣게 되었다. 최근에는 소위 '먹방'과 '쿡방'이 뜨면서 예능에서도 식품이 이렇다 저렇다 하는 이야기를 자주 들을 수 있다.

앞서 말한 대로 식품은 누구나 관심을 갖고 이야기하는 분야다. 그만큼 이해관계가 복잡하게 얽혀 있기도 하다. 1차 생산자인 농어민의 입장, 원재료를 구입해서 가공하는 기업의 입장, 완제품을 소비하는 소비자의 입장이 각각 다르다. 그 중간중간에 끼어 있는 유통업자, 연구자, 조리사, 외식업체, 그리고 정부의 입장까지 매우 다양한 욕망이 합종연횡하고 부딪히는 것이다. 그리고 많은 경우 각각의 입장에 유리하게 정보를 가공한다. 본래의 데이터보다 훨씬 더 많은 메타데이터(해석)가 생산되고 유포된다.

정보가 많아지면 여러가지 문제가 생긴다. 잘못된 식품 정보는 과학적 지식을 갖추지 못한 사람들에게 엉뚱한 망상을 불러일으키기도 하는데, 이는 커다란 해악이다. 적절한 치료를 받아야 할 사람이 산에 다니며 약초를 캔다거나, 항생제 몇알 먹으면 될 일을 가지고 천연 항생성분 함유 식품을 찾아다니기도 한다. 이런 상상력들은 작은 계기만 주어지면 괴담으로 돌변해 불필요한 사회적 비용을 초래한다.

최근 미국에서 홍역이 다시 돌기 시작했다. 한때 매년 수백명의 목숨을 앗아간 무서운 병이었으나 예방접종을 통해 멸종된 홍역이, 십여개 주에 걸쳐 다시 발생했다는 것은 믿기 어려운 일이었다. 게다가 캘리포니아 디즈니랜드가 첫 발병지로 지목되자 사람들은 어떻게 이런 일이 일어났는지 더욱 의문을 가졌다. 그리고 그 원인은 백신 부작용을 걱정한 일부 부모들이 자녀들에게 백신을 맞추지 않았기 때문으로 밝혀졌다.

백신 부작용에 대한 우려는 1998년 홍역·유행성이하선염·풍진MMR 백신이 아동의 자폐증상을 유발할 수 있다는 연구 결과가 발표된 뒤부터 시작되었다. 과학자들은 이는 백신의 문제가 아니라 백신에 들어간 보존제의 문제라고 밝혔으나, 백신에 대한 불안감은 여러 매체를 타고 계속 전파되었다. 심지어 미국의 대통령 도널드 트럼프도 자폐증이 백신 때문이라는 발언을 했다가 엄청난 비난을 받았다.

백신을 맞추지 않아도 괜찮더라는 일부 백신 거부자 개인의 경험은 남들이 예방접종을 통해 그 전파 매개체를 차단해주었기 때문에 가능한 것이다. 일종의 무임승차다. 하지만 거부자들이 많아지면 면역질병이 있거나 다른 이유로 백신을 맞을 수 없는 사람들이 큰 위험에 빠질 수 있다. 수년 전에는 전자레인지로 데운 음식이 암을 일으킨다는 괴담도 크게 횡행했다. 출처도 불분명하고 전혀 과학적이지도 않은 내용들이 급속도로 퍼지면서 집에 있던 전자레인지를 버렸다는 사람들을 심심찮게 만날 수 있었다. 하지만 전자레인지 조리는 식품 속 물을 가열하는 방법일 뿐이고 전자레인지에 사용하는 마이크로파microwave는 몸에 해로운 고에너지 전리방사선이 아니다. 전자레인지로 끓인 물이 식물 성장을 방해한다는 등의 정보도 다 거짓이다.

식품 정보에 관한 문제는 정보의 유형에 따라 편의상 네가지로 나누어볼 수 있다. 첫째는 부정확한 정보, 둘째는 편향된 정보, 셋째는 선정적인 정보, 넷째는 단편적인 정보다. 이 네가지가 늘 명확하게 구분되는 것은 아니고 서로 복잡하게 얽힌 경우가 많지만, 올바른 식품 담론을 위해서는 식품 정보들에 담긴 네가지 속성을 잘 이해할 필요가 있다.

지워도 지워지지 않는 부정확한 정보

2014년 2월 21일 새벽, 피겨 챔피언 김연아 선수가 소치 올림픽에서 은메달을 획득했다. 분명 값진 성과이나, 대한민국은 발칵 뒤집혔다. 금메달을 목에 건 선수가 개최국 러시아 선수인데다, 통상적인 수준의 홈 어드밴티지를 넘어서는 점수 퍼주기가 있었다는 의혹을 사기에 충분해 보였던 탓이다. 국내 여론은 들끓었고 이때부터 언론은 기사를 마구 쏟아내기 시작했다. 외국 언론사의 단신을 인용하는 것은 물론, 심지어 인터넷 커뮤니티에서 누군가 솔깃한 주장을 하기만 해도 마구잡이로 기사화했다.

그 와중에 대형 오보가 하나 터졌다. 한 심판이 미국 신문 『USA 투데이』에 양심선언을 했다는 기사였다. 이 뉴스는 SNS를 타고 삽시간에 전세계로 확산되었으나 이를 통해 확인된 것은 심판의 부정이 아니라 한국 언론사의 영어 실력이었다. 『USA 투데이』의 기사는 심판이 아니라 익명의 피겨 고위 관계자의 코멘트였고 양심선언이라고 볼 수도 없는 내용이었기 때문이다.[1] 이어서 『AP통신』의 유명 피겨 칼럼니스트라는 사람이 주장했다는 내용, 즉 "국제빙상연맹ISU이 소치 올림픽 점수 조작을 1년 전부터 공작"했다는 코멘트가 국내 언론사를 통해 보도됐지만 이 역시 내용에 오류가 있었고 출처조차 신뢰하기 어려웠다.[2] 이외에도 여러 잘못된 정보들이 쏟아졌는데, 이런 부정확한 정보는 여전히 쉽게 검색되고 아직도 떠돌고 있다.

식품에 대한 부정확한 정보의 양과 그 수준은 스포츠에 비할 바가 아니다. 식품이란 너무나 일상적인 것이기 때문에 많은 사람들이 그것에 관한 정보 역시 일상적으로, 쉽게 처리해버린다. 대부분의 식품 관련 정보는 특정 조건에 한정하여 이해해야 한다. 하지만 모든 사람이 매일 몇차례씩 고르고, 만들고, 보고, 먹는 일상적인 것이기 때문에 그 전제 조건은 쉽게 무시된다. 누구나 자기가 잘 안다고 생각하고, 쉽게 자기 생각을 피력하고 정보를 나누다보니 엉터리 정보도 쉽게 퍼져나간다. 그리고 그 흔적은 쉽게 지워지지 않는다.

때때로 부정확한 정보들은 '대의'에 묻혀 쉽게 옹호되기도 한다. 마치 피겨 판정에 대한 부정확한 정보를 지적하면 "김연아 선수가 억울한 일을 당한 건 사실 아니냐?"라는 반론이 나오는 것처럼. 하지만 부정확한 정보들이 모이고 쌓이면 나중에 상상하기 힘든 엉뚱한 문제를 일으킬 수 있다. 더구나 식품은 건강과 직결되는 만큼 그런 정보들을 잘 걸러내야 한다.

삶의 철학과 신념이 들어간 편향적 정보

어릴 적 난 일본을 싫어했다. 고지식했던 중·고등학교 시절, 일제 물건은 사지도 않았고 사용하지도 않았다. 남들이 일제 샤프펜슬과 워크맨을 자랑할 때, 속으로 그들을 비판하기도 했다. 그러던 내가 박사학위를 받고 일본에 가서 연구원으로 살게 되다니, 어릴 적의 내가 알면 기함할 일이었다. 그 시절 내가 일본에 대해 지니고 있던 정보는 대부분 부정적인 것이었다. 현재 우리 사회가 가진 여러 문제의 뿌리는 일제의 침략과 전쟁, 그로 인한 분단 등으로 연결된다고 믿었고, 그건 부정할 수 없는 사실이다. 일제 침략이라는 과거뿐 아니라 그 과거를 제대로 반성하지 않는 당시의 일본도 문제라고 생각했다. 아베 정권의 행보를 보면 무라야마 담화 직후였던 그때가 물론 훨씬 나은 시절이었다.

일본에 처음 가서 '만숀'(작은 원룸)에 월세 방을 구했다. 놀랍게도 그 건물의 1층에는 공산당 포스터가 붙어 있었다. 자민당이 50년 넘게 장기 집권하는 정치 후진국인줄로만 알았던 일본에 공산당이 있다는 사실을 그제야 실감했다. 공산당뿐 아니라 사회당, 공명당 등 정당이 매우 많았다. 일본은 내 생각보다 다양한 정치 스펙트럼을 지닌 나라였다.

1990년대 일본에서 가장 유명했던 운동선수는 축구 영웅 나까따 히데또시였다. 일본 국가대표였던 그는 국제 시합에서 일본의 국가인 키미가요를 부르지 않았다. 정확하게 말하자면 당시 키미가요는 일본의 국가가 아니었다. 일장기도 일본의 국기가 아니었다. 심지어 학교에서 일장기를 게양하고 키미가요를 부를 것을 강요당한 히로시마의 한 고교 교장이 항의의 표시로 자살하는 사건이 벌어지기도 했다. 그 사건을 계기로 1999년에 국기와 국가에 대한 법률이 제정되었고 공식적으로 일장기가 국기, 키미가요가 국가로 지정되었다. 이 모든 일이 내가 일본에 있는 동안 일어났다. 내가 살며 경험한 일본은 그동안 생각해온 일본과는 달랐다.

우리나라에서 접한 일본에 대한 정보는 부정적인 것들이 압도적이었다. 하지만 일본에 살면서 내가 몰랐던 또 다른 면들을 발견했고, 일본에 대한 공부를 하기 시작했다. 자료를 찾아보니 일본의 부정적 측면만을 부각하지 않은, 진지한 연구서나 자료가 이미 다수 존재한다는 사실을 알게 되었다. 식품 이야기를 하다 말고 생뚱맞게 일본 이야기를 늘어놓은 이유는 '정보편향'에 대해 설명하기 위해서다. 정보편향이란 자신의 입맛에 맞는, 자신의 기존 믿음을 강화하는 정보만 취사선택하는 것을 가리킨다. 인터넷과 스마트폰의 시대가 되면서 소수가 정보를 독점하는 경향은 줄어들었고, 검색으로 누구나 손쉽게 다양한 정보를 얻을 수 있다. 그렇다면 정보편향도 줄어들고 있을까? 유감스럽게도 그렇지 못하다는 것이 내 판단이며, 때로는 정보편향이 더욱 심해지고 있는 것 아닌지 우려되기도 한다. 특히 갈등이 심하고, 논쟁이 치열하며, 삶에 대한 가치관과 철학이 첨예하게 부딪히는 분야일수록 그렇다. 사람들은 자기가 '원하는' 정보를 얻으려고 하지, 그 반대의 정보에는 좀처럼 주의를 기울이지 않는다.

이제 위의 일본 이야기를 '식품'에 관한 것으로 바꿔보자. 당신이 자연주의나 채식에 관심이 있어서 몇몇 인터넷 카페나 동호회, 소비자 단체에 가입했다고 치자. 그렇다면 당신은 가공식품의 유해성, 식품첨가물의 해악, 식품업자들의 사악함, 동물 사육의 비윤리성, 동물성 식품의 폐해, 우유가 해로운 이유, 천연재료로 만든 식품의 우수성, 전통 식품에 대한 조상들의 혜안 등등에 대한 다양한 정보를 얻게 될 것이다. 그동안 속고 살아온 세월에 대해 분노할 수도 있다. 당장 냉장고 속 음식의 상당수를 내다 버릴 지도 모른다.

하지만 만일 당신이 식품 관련 학과에서 공부하는 학생이라면 어떨까? 당신에게 들어오는 정보는 위에서 말한 것과는 전혀 다른 종류일 수밖에 없다. 교수님은 자신이 어떻게 미생물 발효로 조미료 만드는 법을 개발했는지 자랑스럽게 설명해줄 것이다. 천연 재료를 가공해서는 도저히 유지할 수 없는 식품의 맛과 향을 재현하는 법에 대해 배울 것이다. 오랜 시간이 걸리는 발효 기간을 단축하는 법을 연구하고, 좀더 맛있고 쉽게 부패하지 않는 식품을 개발하는 데 노력을 기울일 것이다.

한쪽에서 수업시간에 그렇게 자랑스럽게 배운 조미료 발효 기술을 다른 쪽에선 인류의 건강을 해치는 독극물 제조법이라고 하고, 합법적인 첨가물로 상하기 쉬운 음식의 보존 기간을 늘려놓는 것은 아이의 건강을 해치려는 시도가 되며, 간단하고 쉬운 발효법을 개발하면 전통을 무시하는 배신자가 된다. 같은 식품을 대하는데 왜 이런 엄청난 간극이 생기는 것일까? 나는 오랜 기간의 탐색과 연구 끝에, 이 간극의 원인이 '정보편향' 때문이라는 결론을 내렸다.

식품과 관련된 논쟁이 벌어지면, 많은 사람들은 논쟁의 근거가되는 정보의 정확도와 신뢰도가 중요하다고 말한다. 맞는 말이다. 앞서 말한 대로 식품과 관련해서, 특히 가공식품이나 현대 식품 산업에 대한 비판적인 입장의 정보들 속에는 신뢰할 수 없는 부정확한 정보들이 상당수 존재한다. 하지만 어떤 정보의 부정확성을 성공적으로 입증한다고 해도 사람들은 그 정보에 대한 생각을 쉽게 바꾸지 않는다. 그 생각 속에는 쉽게 계량화되거나 수치화될 수 없는 삶의 철학이나 위험에 대한 관념이 자리하고 있기 때문이다.

우리가 잘 아는 사카린의 예를 들어보자. 분명 사카린은 '마약보다 더 나쁘다는' 설탕을 성공적으로 대체할 수 있는 물질이다. 하지만 사카린을 과량으로 먹인 쥐에게서 방광암이 발생했다는 1970년대의 한 연구로 인해 사카린은 발암물질이라는 오명을 뒤집어 썼고 유해물질이라는 딱지가 붙었다. 하지만 그후 수십년 동안 연구를 거듭한 끝에 사카린의 발암성은 근거가 없는 것으로 판명되었고 현재는 세계 각국에서 식품첨가물로 사용되고 있다. 그럼에도 여전히 사카린이 발암물질이라고 생각하는 사람들이 많다. 사카린의 무죄방면 사실을 몰라서 그렇게 생각하는 사람들도 있지만, 그 사실을 아는 사람들도 여전히 사카린이 다른 면에서 해로울 것이라고 의심한다. 천연이 아닌 인공감미료라는 것 때문일 수도, 아니면 환경 분야에서 적용되고 있는 '사전예방 원칙'을 식품 분야에도 적용해야 한다고 믿기 때문일 수도 있다. 아예 식품업계의 로비에 의해 각국 정부가 놀아났을 거라고 생각할 수도 있다. 사카린의 발암성과 유해성에 대한 잘못된 정보는 여러 책과 인터넷을 통해 아직도 생명력을 이어가고 있고 심지어 언론에까지 가끔 등장한다. 과학적이고 합리적인 반대편 이야기는 특별한 관심을 갖고 찾아보지 않는 이상 쉽게 접할 수 없다. 마음속의 확증편향 때문에 사카린에 대한 정보를 편향되게 취득하기 때문이다. 식품 문제에서 정보편향을 중요하게 다루어야 하는 이유다.

반대의 경우도 있다. 요즘엔 많은 식품회사들이 신제품을 내놓으면서 '기능성'을 강조한다. 그리고 사람들은 기꺼이 그 기능성에 돈을 지불하고 있다. 하지만 그 '기능'은 과연 얼마나 과학적으로 타당한 것일까? 전세계적으로 엄청난 판매고를 올린 골관절염 통증완화제 글루코사민[*]의 과거와 현재를 보면 상대적으로 객관적일 것이라고 생각되는 과학자들 사이에도 어떤 편향이 존재한다는 것을 알 수 있다. 글루코사민의 효능을 주장하는 논문이 이미 수십편 가까이 나왔지만 최근의 역학조사에서는 관절염 통증경감 효과가 없다는 결과가 더 많이 나오는 추세다. 하지만 아직까지 글루코사민의 효능에 대한 믿음은 글루코사민 연구자들 사이에서 크게 줄어들지 않고 있으며 여전히 관련 연구가 지속되고 있다. 설령 이것이 자신의 연구 분야가 부정되는 것에 대한 반감과 저항이거나 아니면 경제적 이득 때문일지라도 말이다.

우리는 정보의 편중을 경계해야 한다. 우리나라에서 식품에 대한 담론을 주도하는 그룹을 단순화하면 이렇게 나누어볼 수 있을 것이다. 한쪽 끝에는(편의상 왼쪽이라고 하자) 소비자 단체(시민단체)가 있고 그 옆에 시사 고발 프로그램 등 언론이 있다. 그 옆에는 '재야 인사'라 할 요리 및 맛집 블로거가 있고 한가운데가 맞는 자리이지만 오른쪽으로 치우쳐 있는 것처럼 보이는 과학자들이 있다. 그리고 맨 오른쪽에는 식품업체들이 존재한다.

대부분의 식품에 대한 담론은 왼쪽에서부터 파도가 일기 시작하여 오른쪽으로 이동한다. 물론 가끔은 그 반작용으로 오른쪽에서부터 파도가 일기도 한다. MSG를 넣지 않은 라면이라든가, 카제인산나트륨이 들어가지 않은 커피믹스 같은 경우들이다. 이를 테면 왼쪽에서 파도쳐 밀려오는 이야기들은 위해성에 관한 것이고 오른쪽에서 밀려오는 것은 마케팅과 관련한 이야기들이다. 식품 담론이 위해성 아니면 마케팅에 치중되어 있는 것이다. 학자들이 할 일은 가운데서 자신의 전문지식을 이용해 양쪽의 정보를 거르고 판단하는 일일 것이다.

하지만 과학자가 중립적 태도를 견지하기란 사실 쉽지 않다. 과학자가 소비자 사이에서 떠도는 위해성이 과장되었다고 이야기하면 정부나 식품업계의 하수인 취급을 당하고 만다. 과학자가 업계의 마케팅이 과장되었다고 이야기하기도 쉽지 않다. 과학자의 생업이 달려 있기 때문이다. 때로는 학자들이 자신의 업적을 홍보하기 위해 일방적인 정보를 흘리기도 한다. 상황이 이렇다보니 식품 정보는 옳고 그름의 판단 없이 일방적인 주장이 되고 마는 경우가 많다. 인기 있고 목소리가 크고 클릭 수가 많아지면 정설이 된다.

어느 쪽에도 편향적이지 않은 중립적 견해가 존재한다는 것은 일종의 환상이다. 객관적이려고 노력하는 사람은 있으나 100퍼센트 객관적인 사람은 없다. 나도 이 책의 내용이 모두 객관적이라거나 중립적이라고 주장하는 것은 아니다. 하지만 수많은 정보를 대할 때 반대 입장의 의견에 귀를 기울이고 보다 정확하고 과학적인 정보가 있는지를 탐색해보는 것은 매우 중요한 미덕이다. 특히 식품처럼 정보편향이 심한 경우에는 더욱 그렇다.

사람들은 언론에 등장한 것을 대단한 것으로 생각하는 경향이 있다. 언론 노출 목적으로 대학에서도 병원에서도 회사에서도 심지어 정부기관에서도 홍보용 보도자료를 작성한다. 모두가 한줄이라도 노출되기를 원하며 보도자료를 작성해 언론사에 보내기 때문에 이를 밋밋하게 썼다간 휴지조각이 되어버리기 십상이다. 그걸 막으려면 눈길을 끄는 제목과 간결하고 자극적으로 요약된 카피가 필요하다. 예를 들어 버섯의 어떤 성분이 암세포의 특정 단백질의 작용을 억제한다는 것을 밝혀냈다면 "버섯으로 암 치료 가능!"이라는 정도는 써줘야 하는 것이다. 암세포 단백질을 억제할 만큼의 성분을 섭취하려면 매일 버섯을 수 킬로그램씩 먹어야 할지라도 말이다.

식품 정보의 유통에 언론이 기여하는 바는 막중하다. 그리고 언론의 속성상 기사는 어느정도 선정적일 수밖에 없다. 뉴스뿐 아니라 교양·정보 프로그램이나 다큐멘터리도 마찬가지다. 어느 누가 뻔하거나 애매한 내용을 보고 싶어하겠는가? 먹으면 좋을 수도 있고 나쁠 수도 있다는 식이어서는 곤란하다. 하다못해 제목이라도 '섹시하게' 지어야 한다. 그런 선정성이 독자·시청자들로 하여금 오독을 하게 만든다.

아예 의도적으로 오독을 유도하는 경우도 있다. 예를 들면 인과관계와 상관관계를 섞어버리는 것이다. 지난 2010년 유명 의학회지인 『순환』*Circulation*에 하루 4시간 이상 TV를 시청하는 사람이 2시간 미만으로 보는 사람에 비해 심장 및 순환기계통 질병으로 사망할 확률이 80%이상 높다는 연구 결과[5]가 게재되었다. 같은 해에는 일주일에 3개 이상 햄버거를 섭취하는 어린이들이 햄버거를 거의 안 먹거나 가끔 먹는 어린이들에 비해 천식을 앓을 위험이 1.4배 이상 높다는 연구 결과[6]가 보도되었다. 그렇다면 TV 시청과 심혈관계 질환 사망률, 햄버거 섭취와 천식은 상관관계일까 인과관계일까?

상관관계*correlation*란 두가지 요인이 비례하든 반비례하든 연관되어 움직이는 관계를 뜻한다. 인과관계*causation*란 한가지 요인이 원인이 되고 다른 요인이 결과가 되는 관계를 뜻한다. 하지만 다양한 변수가 존재하는 실생활에서 인과관계를 정확하게 밝히는 것은 매우 어렵다. 그렇기 때문에 대부분의 역학 논문들은 상관관계를 다룬다. 위에서 예로 든 논문들도 TV 시청이 심혈관계 질환 사망률 증가의 원인이라든가 햄버거 섭취가 천식의 원인이라고 이야기하고 있지는 않다. 오히려 TV를 보느라 앉아 있는 시간이 증가하기 때문이거나 햄버거를 많이 먹는 것과 관련된 생활습관이 문제를 일으킬 것으로 추정할 뿐이다.

하지만 언론에 소개된 기사를 읽은 사람들은 햄버거를 먹으면 천식에 걸릴 수 있다는 식으로 이해하기 쉽다. 기사 클릭을 유도하기 위해 헤드라인에서 상관관계를 인과관계로 호도하는 일이 빈발하는 탓이다. 의미를 정확하게 전하자니 임팩트가 부족한 것이다. 상관관계를 그대로 정확히 밝혀 쓰더라도 상관관계와 인과

관계에 대한 대중의 이해도 부족 때문에 정보가 올바르게 전달되지 않기도 한다.

그렇다고 선정적 정보 제공의 책임을 언론 종사자에게만 물을 수는 없다. 오히려 연구자들의 책임이 더 무겁다. 식품 관련 정보의 1차 제공자는 대부분 연구자들이기 때문이다. 정식 논문이나 학회 발표도 아닌데 언론에 보도가 된다면 일단 의심해봐야 한다. 기사를 내보내는 것까지 실적 쌓기의 일환이 되기 때문에, 흥미를 유발하기 위해 연구의 세부 요소를 누락시키고 자극적인 부분만 부각해 보도자료를 내보내는 것이다. 기관 평가나 연구비 심사, 승진 따위를 앞둔 경우가 대부분이다.

식품의 다면성을 무시한 단편적 정보

너무 오래 전에 읽어서 줄거리는 잘 기억나지 않지만 제목만은 뇌리에 또렷하게 남은 책이 있다. 『영원한 제국』으로 유명한 작가 이인화의 『내가 누구인지 말할 수 있는 자는 누구인가』라는 책이다. 『리어왕』의 대사에서 빌려왔다는 책 제목처럼 이 책에는 수많은 '나'가 존재하며 그들의 시선으로 등장인물들을 그려낸다. 흔히 '나'에게는 '내가 보는 나, 남이 보는 나, 실제의 나'의 세 가지 측면이 있다고 하는데 그 느낌을 가장 강렬하게 전달한 책이 아니었나 싶다. 물론 여기서 '남'은 한 사람이 아니므로 세가지를 넘어 수백, 수천가지 관점이 존재할 수 있다. 한 인물에 대한 평가는 누가 평가하느냐에 따라 달라지기 마련이며, 누군가에게는 천사 같은 이가 다른 이에게는 정반대로 평가되는 일은 일상에서 흔하다. 그러니 단편적인 모습으로 사람을 평가하는 것은 지양하고 경계해야 한다.

식품과 의약품의 차이 가운데 가장 중요한 점은 식품은 단일성분이 아니라는 것이다. 간혹 의약품 중에도 복합 성분 제품들이 있다. 예를 들어 잇몸약으로 알려진 인사돌 같은 제품들이다. 인사돌의 주성분은 '옥수수불검화정량추출물'인데 옥수수기름을 비누화 반응시켜 남은 불검화물을 뜻한다. 하지만 한약을 제외하고 복합성분 의약품은 매우 적은데 정확한 약효를 검증하기 위해서는 의약품의 성분을 명확하게 알아야 하기 때문이다.

그런데 우리는 식품이 다면적이라는 사실을 잊어버리고 꼭 단일성분으로 이루어진 것처럼 단편적으로만 바라볼 때가 많다. 식품 속에 들어 있는 극미량의 물질이 암세포를 죽일 수 있다고 해서 그 식품을 '항암 식품' 또는 '암 예방 식품'이라고 부르는 것은 단편적 정보를 과대평가한 것이다.

오래전 TV 9시 뉴스에 모 대학병원에서 획기적이고 새로운 수술법이 개발되었다는 뉴스가 나왔다. 다음날 한 지인이 그 병원에 전화를 걸어 그 수술을 받고 싶다고 했더니 앞으로 5년 정도는 지나야 예약이 가능할 듯하다는 대답이 돌아왔다. 하룻밤 사이에 예약한 환자가 5년치를 다 채워서 그런 것이 아니라, 그 수술법으로 환자를 실제로 치료하기 위해서 보완하고 확인해야 할 사항들이 아직 많이 남았기 때문일 것이다. 의학 분야에서는 누가 어떤 수술법이나 치료제를 개발했다고 모든 의사들이 그 방법을 당장 임상에 활용하지는 않는다. 조금씩 치료 범위를 확대하고 부작용을 확인하는 오랜 기간을 거쳐 최종적으로 학회 차원에서 가이드라인을 만들어가는 과정을 거친다. 약도 마찬가지다. 소위 '블록버스터급' 의약품 하나를 개발해 성공시키기까지는 10년이 넘는 세월과 엄청난 비용이 들어간다.

물론 대부분의 식품은 의약품보다 훨씬 안전하다. 식품의 대부분은 인류가 먹어오던 것들이다. 비위생적이지 않다면 식품 자체만으로 큰 문제가 일어날 가능성은 매우 적다. 바로 그렇기 때문에 단편적 지식만 가지고 대충 제품을 만들어 비싸게 받는 경우가 많고, 그런 짓을 해도 문제가 잘 발생하지 않는다. 예전에 내 블로그에 누군가 수백만원을 호가하는, 아토피에도 좋고 암환자에게도 좋다는 영양제의 신뢰성을 문의한 적이 있다. 마침 그 무렵 우연찮게 탔던 택시의 기사 분도 그 제품 이야기를 하시길래 관련 자료들을 좀 찾아봤더니 이를 판매하는 사람들의 주장이 완전 허무맹랑한 것은 아니었다. 아주 약간이지만 과학적 근거도 있었다. 하지만 그 제품을 먹는다고 아직 원인도 잘 모르는 아토피에서 해방되거나 암세포가 없어질 것 같진 않았다. 문제는 그렇다고 효과가 없으리라는 증거도 없다는 것이다.

세상에는 아직 밝혀지지 않은 것이 많다. 인간은 엄청난 속도로 지식을 축적해가고 있지만 여전히 잘 모르는 것 투성이다. 새로운 정보를 대할 때 우리는 그것이 하나의 단면에 지나지 않을 수 있음을 염두에 두어야 한다. 특히 최신 논문의 연구 결과들을 대할 때 그렇다. 과학 논문은 논문을 구성하기 위한 최소한의 데이터로 구성되어 있을 뿐이다. 이를 토대로 실생활에서 당장 어떤 액션을 취하기에는 증거가 부족한 경우가 많다. 새로운 연구 결과를 무시하라는 것이 아니라, 그것이 전체의 한 측면일 수 있음을 인정해야 한다는 것이다. 그것과 궤를 같이하는 연구 성과들이 축적된다면 실생활에 적용하는 데까지 나아갈 수 있을 것이다.

어처구니없는 식품 파동

이러한 네가지, 부정확하고 편향되고 선정적이고 단편적인 정보들 때문에 한국 사회는 여러번 큰 비용을 치렀다. 수년 전 식품의약품안전처에서 역대 식품안전사고와 사회적 파장에 대해 정리한 '식품안전사고 위해물질 맵'이라는 것을 만든 적이 있다. 이 맵은 두개의 축으로 되어 있는데 가로축은 위해의 크기이고 세로축은 사회적·경제적 영향이다. 각각의 축은 -5에서부터 +5까지의 숫자로 표시되며, 숫자가 클수록 위해 정도가 크고 사회적·경제적 영향이 큰 것을 의미한다. 즉 좌표가 (5,5)이면 위해가 크면서 사회적·경제적 영향도 큰 사건이고, (5,-5)이면 위해 정도는 컸지만 사회적·경제적 영향은 별로 없었던 사건이었다는 뜻이다. 반대로 좌표가 (-5,5)라면 실제 위해는 없었는데 사회적·경제적 파장은 컸던 사건이다. 그렇다면 위해가 없었음에도 사회적·경제적 파장이 컸던 사건에는 무엇이 있었을까? 식약처의 분석에서

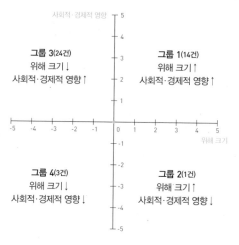

식품안전사고 위해물질 맵

좌표값이 (-5,5)인 사건은 두건이 있었는데 바로 '공업용 우지 파동'과 '통조림 포르말린' 사건이다.

수업시간에 학생들에게 라면의 나쁜 점을 이야기를 해보라고 하면 정작 문제가 되는 나트륨보다 기름을 지적하는 학생들이 많다. 라면의 기름이 몸에 나쁘니까 냄비 두곳에 물을 끓여서 한쪽에 면을 넣고 삶아 기름을 빼고, 삶은 면을 다른 냄비에 옮겨 먹는 수고를 하는 학생들도 있단다. 그게 라면을 맛있게 먹기 위한 것이라면 모르지만 라면 기름에 대한 불신 때문이라면 좀 생각해볼 문제다. 라면 기름에 대한 불신의 근원 중 하나가 바로 '공업용 우지 파동'인데, 이는 실제로 기름이 잘못되어 불거진 사건이 아니기 때문이다.

1989년 11월, 검찰은 미국에서 비식용으로 구분하는 우지(소기름)를 삼양식품이 라면을 튀기는 데 사용했다고 발표했다. 당시 삼양식품은 미국의 2, 3등급 우지를 수입한 후 정제해서 사용했다. 그 이유는 "60년대부터 국민에게 동물성 지방분을 보급한다는 취지에서 우지를 수입, 정제하여 식용우지로 사용할 것을 정부에서 추천하였기 때문"[7]이었다. 우지를 정제하는 비용은 경쟁사의 식물성 유지(팜유)를 수입하는 비용보다 톤당 100달러나 더 비쌌다. 문제가 된 것은, '공업용'이라는 단어였다. 다른 나라와 달리 유독 미국에서는 정제를 하지 않고 바로 먹을 수 있는 소기름을 1등급 식용 우지edible beef tallow로 분류하고 나머지는 모두 비식용으로 분류하였다. 하지만 2~3등급 우지는 가공용이라는 의미이지 먹지 못하는 우지라는 뜻이 아니었다. 이 비식용 우지가 '공업용'이 된 이유는 수입시 절차가 간단하기 때문이었다. 하지만 '공업용'을 썼다는 이유로 삼양식품은 여론의 뭇매를 맞았고 기업 이미지 추락 및 큰 경제적 손실을 맛봐야 했다.[8] 그리고 뒤늦은 1995년 7월, 법원은 사건 관련자 및 기업 모두에 무죄를 선고했다.

'통조림 포르말린 사건'도 1998년 7월 여러 통조림 업체들이 번데기나 골뱅이 통조림에 포르말린을 넣었다는 수사결과 발표로 시작되었다. 식품에 독극물을 사용했다고 전국이 한동안 들끓었지만 사건 발표 2주 후에 식품의약품안전청은 번데기나 골뱅이에서 자연적으로도 상당량의 포르말린이 검출될 수 있다는 의견을 제출하였다. 그러나 언론의 무차별적 보도 속에 식약청의 의견은 무시되었고 결국 이 사건으로 20개 넘는 통조림 업체가 도산하고 말았다. 그리고 시간이 지나 최종적인 결론이 나왔다. 통

조림 속의 포르말린은 통조림 저장 과정 중에 자연적으로 만들어
졌다는 것이었다. 사실 어류나 채소류 등에서는 자연적으로 발생
한 포르말린이 검출된다. 통조림에서 발견된 포르말린의 양은 이
렇게 자연 발생한 식품 속 포르말린의 양보다 높지 않았다. 하지
만 관련 업체들과 대표자가 무죄 판결을 받은 것은 역시 3년 가까
이 지나서였다.

　문제는 근거 없는 식품위해 사건이 일어났을 때 대부분의 사
람들이 언론의 선정적인 보도만 단편적으로 기억할 뿐, 최종 결
론까지 기억하지 않는다는 것이다. 근거 없는 오해로 인한 파동
을 제지할 방법은 없고 사회적 파장은 지나치게 크다. 억울하게
피해를 입은 사업주나 생산자가 피해를 보상받기도 어렵다. 식품
정보에 대한 언론의 신중한 보도와 시민의 선별적인 정보 취득이
필요한 이유다.

　물론 이렇게 어처구니없는 사건만 있었던 것은 아니다. 1994년
에는 일본에 수출된 한국 과자에서 톨루엔이 검출된 사건이 있었
다. 포장재 인쇄잉크의 주성분인 톨루엔이 식품에서 검출된 것이
있는데 인체에 위해를 가할 정도의 양은 아니었다. 하지만 이듬
해에 라면 포장재에서 또다시 톨루엔이 검출되었고 이에 따라 좀
더 안전한 식품 포장의 필요성이 대두되었다. 정부와 관련 업계
는 식품 포장재에 대한 잔류물질 허용기준을 마련하였다. 이 사
건은 소비자 고발 프로그램을 통해 알려져, 정부가 관련 식품의
검사와 유통·관리를 강화하도록 만드는 계기가 되었다.

과학기술은 계속 발전하고 있다. 예전엔 양이 적어 검출이 불가능했던 물질이 발견 및 추출에 필요한 기술 확보로 검출되기도 하며, 유전자 분석법과 같은 신기술은 따라가기 어려울 정도로 빠르게 발전한다.

예를 들어 1930년대에 사용했던 '산성 식품' '알칼리성 식품' 등의 분류법은 이제 폐기되는 것이 맞다. 산성 식품은 나쁘고 알칼리성 식품은 좋다는 것은 그야말로 옛날 이야기다. 사실 식품을 산성 식품이나 알칼리성 식품으로 분류하는 방식은 그 식품이 산성이냐 알칼리성이냐와 아무 상관이 없다. 이 분류 방법에 따르면 산성이 강한 식초는 알칼리성 식품이다. 이 분류법은 19세기 말 독일 학자가 주창한 것으로, 당시 영양학자들은 식품을 섭취하면 우리 몸에서 연소가 일어나는데, 그 연소가 실제 불에 타는 과정과 유사할 것이라고 생각했다. 그래서 식품을 태우고 남은 재의 성분(회분=무기질)이 우리 몸에서 산으로 작용하면 산성 식품, 염기로 작용하면 알칼리성 식품으로 분류했다. 나트륨·칼륨·칼슘 등 양이온 성분이 많으면 알칼리성 식품, 인·염소 등 음이온 성분이 많으면 산성 식품이다.

많은 사람들이 오해하는 것처럼 산성 식품을 먹는다고 산성 체질이 되거나 알칼리성 식품을 먹는다고 알칼리성 체질로 바뀌는 않는다. 사람 체온이 1도만 정상에서 벗어나도 몸에 이상을 느끼듯이, 우리 혈액도 중탄산 완충 시스템을 통해 아주 엄밀하게 pH를 유지하기 때문이다. 혈액의 pH를 일정하게 유지하는 것은 매우 중요하다. 그래서 우리 몸은 호흡을 통해 생성되는 이산화탄소를 중탄산의 형태로 혈액 속에 녹여서 혈액의 pH를 유지하는데, 이것이 중탄산 완충시스템이다. 혈액이 정상 pH에서 0.05 정도만 바뀌어도 산증acidosis 또는 알칼리증alkalosis 증상이 나타날 정도다. 물론 이러한 증상은 신장 이상이나 당뇨, 호흡 이상 등의 질병이 있는 사람에게서 나타나는 것이지 정상적인 사람들에게서는 일어나지 않는다. 그러므로 알칼리성 식품이 우리 몸을 알칼리성 체질로 만들어준다는 식의 이야기는 사실이 아니다. 게다가 체질이라는 말은 정의조차 불분명하다.

어렸을 적 교과서에 혀의 맛 지도라는 것이 있었다. 혀를 그려놓고 혀 끝에서는 단맛을 느끼고 뒤쪽에서는 쓴맛을 느끼고 옆에서는 신맛과 짠맛을 느낀다는 그림이다. 그리고 그걸 실험한다고 설탕을 혀 끝으로 찍어 먹어보고 단맛이 난다고 신기해하고, 쓴약을 먹을 때는 혀 뒤쪽을 건드리지 않게 단숨에 삼키곤 했었다. 하지만 그 지도가 엉터리로 판명난 것을 아는 사람은 많지 않다. 이 오류는 1942년 하버드 대학의 에드윈 보링Edwin Boring이 자신의 저서에서 독일 과학자의 글을 오역하면서 시작되었고 1974년 혀 부위에 따라 맛에 대한 민감도 차이는 있지만 맛은 어디서나 느낄 수 있다는 주장[9]이 나왔음에도 혀 지도에 대한 믿음은 꽤 오래 지속되었다. 맛 수용체에 관한 정보가 계속 밝혀지면서 혀 지도는 점점 자취를 감추게 되었지만, 이 책을 통해서야 이 사실을 처음으로 접한 독자도 많을 것이다.

　동치미가 연탄가스 해독에 좋다는 것도 오랫동안 사람들이 진실이라고 믿어온 오류 중 하나다. 본래 이 이야기는 민간 속설이었는데 이 소문이 과학적 사실로 둔갑한 것은 1970년대 말 국내 연구진의 한 초기 연구를 언론이 대대적으로 보도하면서부터였다. 당시는 연탄가스에 의한 사망자가 많던 시절이라 이 연구는 큰 주목을 받았다. 그리고 이 연구는 논문으로 발표도 되었다.[10] 하지만 이후 정교한 후속 연구를 통해 동치미의 효과는 식초나 암모니아에 의한 자극 효과와 유사하며 일산화탄소 중독 치료에는 전혀 효과가 없다는 결론이 났다. 아직까지 이러한 사실을 모르는 사람들이 많은데, 연탄가스 중독자에게 억지로 김칫국물이나 동치미 국물을 먹이다가는 연탄 가스에 의해서가 아니라 기도가 막히거나 흡입성 폐렴으로 사망할 수도 있다.

　은행잎 추출물이나 상어 연골이 좋다는 이야기도 마찬가지다. 1965년 독일의 제약회사가 은행잎 추출물이 혈액순환 장애, 뇌혈관 질환 등의 치료에 효과가 있다고 발표하면서 은행잎이 큰 인기를 얻었고 은행잎 추출물을 이용한 의약품과 건강기능식품들이 개발되었다. 하지만 2008년 미국인 3,000명을 대상으로 한 연구에서 은행잎 추출물의 알츠하이머 치매 예방 효과가 없다는 결과가 발표되었고, 2012년 70세 이상의 프랑스 노인 3,000명을 대상으로 한 연구에서도 같은 결과[11]가 나왔다. 국내에서는 건강기능성 식품의 원료로서 성인의 기억력 개선에 도움을 주거나 혈행 개선에 도움을 줄 수 있다는 정도의 기능성만 인정되고 있다.

1992년에 윌리엄 레인이 쓴『상어는 암에 걸리지 않는다』[12]라는 책이 출간된 이후 상어 연골이 큰 주목을 받았다. 동물학자들은 상어도 암에 걸린다고 주장했고 그것은 사실이다. 하지만 이 책의 출간 이후에 많은 이들이 상어 연골의 항암 성분에 대해 연구했고, 캐나다의 애트나 연구소 AEterna Laboratories 에서는 연골 추출물의 항암 성분 AE-941 을 개발해 네오바스탓 Neovastat 이라는 이름으로 임상실험까지 실시했다. 네오바스탓은 임상 3상에서 탈락하고 말았고 상어 연골이 항암 효과가 있다는 이야기는 사실이 아니라는 것이 명확히 밝혀졌다.

과학적이고 솔직한 식품 이야기가 필요하다

한때 무차별적 음해를 당하다가 오랜 시간이 지나서 무죄 방면된 MSG, 설탕, 사카린 등에 대한 지식도 업데이트되어야 마땅하다. 상당수 사람들은 한때 나쁜 것으로 치목된 식품들이 여전히 나쁘다거나, 좋은 것으로 알려졌던 식품들이 여전히 좋은 것이라는 믿음을 유지한다. 과학적 사실을 기반으로 식품에 대한 정보들을 업데이트하는 데는 관심이 부족한 것이다. 식품에 대해 이야기하는 사람은 많지만 과학적으로 이를 이야기하는 사람은 소수다.

이런 사실들을 알리는 일에 있어서 기업들도 소극적이다. 괜히 소비자와 다투게 되는 일을 피하고 싶은 것이다. 게다가 식품은 다른 어떤 제품보다 민감하다. 그러니 기업은 과학적 사실을 적극적으로 알려야 할 책무를 회피한다. MSG가 나쁘다고 하면 다시 마 삶은 물을 건조해서 쓰면 되고, 설탕이 나쁘다고 하면 사카린, 사카린이 나쁘다면 아스파탐, 아스파탐이 나쁘다면 슈크랄로스, 합성감미료가 나쁘다면 스테비아를 쓰면 된다. 피해 가기도 쉬울 뿐더러 값 비싼 좋은 재료를 썼다며 가격을 올릴 수도 있다.

상황이 이렇다보니 많은 관련자들이 식품에 대한 기본을 등한 시하게 되었다. 특히 과학으로 식품을 바라보는 시각은 식품 담론에서 찾아보기가 어렵다. 그저 자신의 좁은 시각만을 주장할 뿐이다. 큰 그림을 잘 그리는 것은 공부를 잘하는 사람의 특징이다. 특히 식품과 같이 다면적이고 여러 사람들의 이해가 얽힌 분야를 이해하기 위해서는 더욱 더 요청되는 능력이다. 개별적인 지식과 정보만으로는 큰 그림을 그릴 수 없다. 그렇다고 한계를 가진 인간의 두뇌로 필요한 모든 지식을 공부하고 기억하는 것은 불가능하다. 그러므로 이해관계에서 벗어난, 솔직하고 다각적인 소통이 필요하다. 과학자는 그러한 솔직한 이야기를 하기에 상대적으로 좋은 위치에 있다. 때로는 중재자의 역할을 하거나 갈등 해결의 판단 근거를 제공할 수도 있다. 그러기 위해서는 과학자부터 솔직하고 올바른 이야기를 해나가야 한다. 이 책 역시 그러한 시도로서 세상에 나왔다. 이 책에 적힌 솔직한 이야기들이 때로는 식품업계를, 때로는 학계를, 때로는 소비자들을 불편하게 할지도 모르지만 조금만 귀를 기울여보면 이해하기 어렵지 않은 내용일 것이라 생각한다. 특히 이 책이 독자들에게 과학적인 식품 지식을 업데이트할 기회가 되기를 간절히 바란다.

8
식품 마케팅에 속지 않는 법

홍보냐 진실이냐

지금은 홍보의 시대요, 자기 PR의 시대다. 오른손이 하는 일을 왼손이 모르게 하라는 말은 이제 나쁜 일을 할 때에나 적용되는 이야기다. 좋은 일은 알려야 한다. 기업만이 아니라 대학과 병원, 심지어 군과 경찰도 홍보에 열심이다. 얼마 전에는 홍보를 위해 사건을 조작한 경찰이 입방아에 오르내리기도 했다. 신임 순경이 기지를 발휘해 범죄자를 검거하고 인터뷰까지 했으나 알고 보니 사실이 아니었다는 것이다. 대체 홍보가 뭐길래 공무원들까지 이러는 것일까?

그래도 대다수 사람들은 홍보가 필요하다고 없는 것을 만들어 낼 정도로 양심불량은 아니다. 대신 별것 아닌 것을 조금 미화하고 살짝 과장한다. 돈만 내면 가능한 세계 몇대 인명사전에 이름을 올리고, 잡지를 수십, 수백부 사는 조건으로 인터뷰 기사를 낸다. 연구 결과도 홍보에 도움이 된다. 그래서 교수도 의사도 공무원도 보도자료를 쓴다. 때로는 논문 쓰는 것보다 보도자료 쓰기가 더 어렵다.

식품 마케팅을 위해 단점은 감추고 장점만을 부각하기도 한다. 새로울 것이 없는 내용을 새로운 것처럼 만들기도 한다. 어차피 그걸 기억하는 사람은 별로 없다. 굳이 불리한 부분은 언급하지 않는다. 일반인들이 모르는 부분은 애매하게 넘어가는 경우도 있다. 설탕을 자당이라고 부르는 것이 그런 예다.

눈 가리고 아웅하는 방법

식품 마케팅의 '눈 가리고 아웅' 수법에는 여러가지가 있다. 하나는 슬쩍 이름을 바꾸는 것이다. 매년 경칩 무렵이 되면 고생하는 나무가 있다. 단풍나무과 식물인 고로쇠나무다. 봄이 오면 고로쇠 수액이 몸에 좋다며 채취해 음용하는 사람들이 많다. 수액을 채취하느라 온몸에 튜브를 꽂은 고로쇠나무 사진을 보면 식물을 학대하고 있다는 느낌까지 든다. 그런데 고로쇠 수액은 무엇때문에 건강에 좋다는 것일까?

단풍나무과 식물들은 수액을 낸다. 동서양 모두 그 수액을 모아 단맛을 내는 데 사용해왔다. 서양의 단풍나무 수액으로 만든 것은 메이플 시럽이라고 한다. 설탕단풍나무 *Acer saccharum* 의 수액에서 채취한 감미료로, 팬케이크나 와플에 곁들여 먹으며, 안젤리나 졸리는 이 메이플 시럽에 레몬즙을 타서 마시면서 다이어트를 했다고 말한 적도 있다. 캐나다는 국기에 단풍나무 잎이 그려져 있을 정도로 관련 제품이 유명해, 캐나다에 다녀오는 많은 사람들이 메이플 시럽을 사온다. 믿을 순 없지만 "항암식품으로 알려진 브로콜리, 토마토, 당근 등의 채소보다 항암효과가 뛰어나다"[1]고도 한다. 그런데 그 주성분은 뭘까? 설탕이다.

고로쇠나무 Acer pictum 도 단풍나무과 식물이므로 수액을 낸다. 그리고 그 수액에 가장 많은 성분은 메이플 시럽과 마찬가지로 설탕이다. 하지만 이럴 때는 가급적 설탕이라는 말을 쓰지 않는다. 설탕은 건강에 안 좋다는 통념이 있기 때문이다. 그래서 고로쇠 수액에는 약 2% 정도의 '자당'이 있다고 쓴다. 자당은 과실에 존재하는 천연당으로 체내에 빠르게 흡수되어 영양 보충에 도움이 된다는 설명까지 덧붙인다. 뭐, 틀린 이야기는 아니다.

고로쇠라는 말이 뼈를 이롭게 한다는 골리수 骨利樹 에서 왔고 그 속에 칼슘이 많이 들어 있다고 홍보하기도 한다. 역시 틀린 이야기는 아니지만 작은 팩 우유 하나만큼의 칼슘을 섭취하기 위해서는 고로쇠 수액을 3리터나 마셔야 한다. 설탕은 뼈 건강에 안좋다는 논란이 있는데 고로쇠 수액 3리터를 마시면 그 속의 칼슘 때문에 뼈 건강이 좋아질까, 아니면 설탕(자당) 때문에 뼈가 약해질까? 어쩌면 고로쇠 수액을 마시고 뼈가 튼튼해지는 것은 그 수액을 채취하러 산을 타며 운동을 했기 때문인지도 모른다.

또다른 수법은 단위를 슬쩍 바꾸는 것이다. 백만 분의 1인 ppm

과 10억분의 1인 ppb는 1,000배 차이가 난다. 0.5ppm과 500ppb는 같은 양이다. 하지만 숫자가 크면 많아 보인다. 어떤 성분을 많아 보이게 만들고 싶으면 ppm보다 ppb를 쓰는 편이 좋다. 반대로 적게 보이고 싶으면 ppb보다 ppm을 쓰는 편이 낫다. 사람들은 단위보다 숫자의 크기를 주로 본다.

단위당 칼로리를 바꾸는 방법도 있다. 술의 칼로리를 ml당으로 계산하면 알코올 도수가 낮은 술인 맥주는 저칼로리 술처럼 보인다. 알코올 때문에 알코올 도수가 높을수록 고칼로리 술이 되기 때문이다. 맥주는 100ml당 40kcal 정도 되지만 소주는 100ml당 100kcal가 넘는다. 하지만 한잔을 기준으로 하면 그 차이는 확연히 줄어든다. 잔의 크기에 따라 다르지만 병맥주 1잔(200ml)의 칼로리와 소주 1잔(50ml)의 칼로리는 거의 비슷하다.

보통 라면 한봉지 속에 함유된 나트륨 함량은 2,000mg 내외로 하루 권장 섭취량의 100% 가까이 된다. 이럴 때는 1회 제공량을 조절하면 된다. 식품을 표기할 때 1회 제공량당 함유량을 표시하는 경우가 있기 때문이다. 라면 한봉지의 1회 제공량을 2라고 한다면 나트륨은 절반밖에 없는 것처럼 보인다. 물론 한봉지를 둘이 먹기보다는 혼자서 두봉지를 먹는 경우가 더 많지만 말이다. 미국에서 산 라면 한봉지가 2회 제공량이라고 해서 실소를 금치 못했던 적이 있었다.

최근에는 정부에서 어린이들이 즐겨 먹는 식품 중 고열량 저영양 식품의 판매와 TV 광고를 규제하고 있다. 여기서 고열량 저영양 식품이란 1회 제공량의 열량이 250kcal를 초과하고 단백질이

2g 미만인 식품을 뜻한다. 하지만 제과 업계는 포장 단위를 바꾸고 1회 제공량을 작게 쪼개서 250kcal 이하로 만들어 고열량 저영양 식품 지정을 피해가고 있다. 이를 막기 위해 기준을 총 제공량으로 바꾸면? 아마 식품업계는 포장만 작게 해 발빠르게 대처할 것이다.

미디어와 마케팅이 만났을 때, 프렌치 패러독스

와인 하면 떠오르는 나라는 프랑스다. 포도주를 만드는 나라는 많지만 프랑스는 포도 재배를 위한 기후 조건이 좋은데다 품질관리 시스템과 각종 등급을 일찍부터 도입하여 자국 와인을 발전시켰다. 미식의 제국다운 매우 다양한 음식 문화까지 뒷받침된 덕분에 와인 양조는 일찍이 주요 산업으로 발전하였다.

하지만 달도 차면 기우는 법. 1970년대부터 프랑스 와인은 서서히 쇠퇴의 길을 걷게 된다. 그 시발점 중의 하나가 '파리의 심판'Judgement of Paris 사건이다. 2008년 「와인 미라클」(원제는 Bottle Shock)이라는 제목의 영화로도 만들어진 '파리의 심판'은 1976년 파리에서 진행된 와인 블라인드 테스트를 말한다. 영국의 와인 평론가 스티븐 스퍼리어가 미국 캘리포니아 와인과 프랑스 와인을 놓고 블라인드 테스트를 했는데 화이트와인과 레드와인 모두 캘리포니아 와인이 1위를 한 것이다. 이로써 프랑스 와인은 크게 자존심이 꺾였고 와인 산업도 점점 하향세로 돌아서게 된다. 한

때 전세계 판매량의 40%에 달하던 프랑스 와인의 판매량은 절반 이하로 줄고 대신 미국·칠레 등 신흥 와인 강국이 등장했다.

프랑스 와인의 재고가 늘어나기 시작했고 1990년엔 6억병이 넘는 재고가 쌓이게 되었다. 급기야 와인 생산자들은 대규모 시위를 벌이는 지경에 이른다. 반면 파리의 심판 이후 미국의 와인 생산량은 조금씩 증가하게 되는데 1991년 한 방송을 계기로 미국의 와인은 더 큰 도약의 기회를 맞게 된다.

이때 등장한 단어가 앞서 언급했던 프렌치 패러독스다. 포화지방산을 더 섭취하는 프랑스 사람들이 덜 섭취하는 미국인보다 심혈관계 질환이 적다는 역설은 사람들의 구미를 당겼고, 그 원인이 4배나 높은 프랑스인들의 높은 레드와인 소비량에 있을지 모른다는 내용이 1991년 11월 미국 지상파 최고 인기 프로그램인 CBS의 「60분」에서 방송되었다. 그러자 미국에서 와인의 인기가 급상승했고, 이후 미국의 와인 생산량과 소비량은 계속 급격하게 증가했다. 프랑스 와인 생산량도 초기에는 살짝 증가했지만 시장 변화에 따르지 않는 프랑스 특유의 고집 때문에 비유럽권 와인 시장이 성장하게 되었다.

와인 시장이 커지고 사람들의 관심이 증가함에 따라 와인에 대한 연구도 활발하게 진행되었다. 연구자들은 와인 속 '레스베라트롤'이라는 물질을 발견했다. 다양한 항암 활성 효과 및 강한 항산화 효과가 있다는 보고가 나오면서 와인은 '좋은 술'이라는 인식이 자리 잡았다. 레스베라트롤은 식물이 생산하는 자기방어 물질의 일종인데 포도껍질에 존재하기 때문에 레드와인에는 함유되어 있지만 껍질을 벗겨 발효하는 화이트와인에는 레스베라트롤 함유량이 상대적으로 적다. 한가지 재미있는 것은 레스베라트롤이 가장 많이 함유된 부분은 포도 가지라는 사실이다. 포도 가지에는 껍질보다 약 30~50배나 많은 레스베라트롤이 함유되어 있는데 포도를 따지 않고 가지까지 함께 발효하면 건강에 더 좋을지도 모른다. 하지만 그렇게 만든다고 해봤자 앞서 보았듯이 포도주 속 레스베라트롤의 함량은 너무 적어서 논문에서 말하는 효능을 나타내기 위해서는 포도주를 엄청나게 많이 마셔야 한다.

개똥쑥 품귀 현상 그리고 아르테미시닌

와인의 경우처럼 미디어를 이용해서 특정 제품의 붐을 일으키고 산업을 키울 수 있다는 것이 확인되자 사람들은 미디어를 마케팅의 도구로 사용하기 시작했다. 우리나라도 예외가 아니다. 예능과 결합한 건강 관련 프로그램들이 인기를 얻었다. 종합편성 채널이 허가되고 종편의 주 시청층이 건강에 관심이 많은 노년층임이 드러나자 방송국은 소위 '쇼닥터'들을 동원해서 뭘 먹으면 좋다, 나쁘다는 식의 방송을 반복해서 내보내고 있다.

수년 전 개똥쑥 열풍이 불었던 적이 있다. 기적의 약초, 항암제의 1,200배 효능이라는 선정적 문구와 함께 미디어에서는 개똥쑥으로 병을 고친 사례가 소개되었다. 덕분에 개똥쑥 가격은 급등했고 품귀 현상까지 빚었다. 하지만 개똥쑥이 항암제의 1,200배나 되는 효능을 보였다면 개똥쑥으로 신약을 개발해서 대박을 칠 텐데 아직까지 그런 소식은 들려오지 않는다. 왜냐하면 항암제보다 1,200배나 효능이 좋다는 아르테미시닌 유도체들은 개똥쑥의 성분이 아니라 개똥쑥의 성분(아르테미시닌)을 화학적으로 변형하여 특이성을 높인 것이었기 때문이다.[2] 게다가 아르테미시닌은 암세포를 죽일 수는 있지만 항암제로 실용되는 물질은 아니다. 이런 과장은 애교로 보아 넘기기엔 너무 과하다.

이후 미디어 노출이 줄어들면서 언제나 그랬듯이 개똥쑥의 인기는 차츰 수그러들었는데 개똥쑥 속의 아르테미시닌을 발견한 투유유 중국전통의학연구원 교수에게 2015년 노벨생리의학상이 돌아가면서 다시 관심을 얻고 있다. 앞에서도 말했듯, 투유유 교수가 아르테미시닌을 발견하게 된 경위가 흥미로운데, 베트남전이 한창일 때 말라리아를 없앨 수 있는 신약을 개발하라는 마오쩌둥의 특명을 받고 연구에 착수한 것이라고 한다. 고서에 나온 2,000여가지 약초 성분을 연구한 끝에 이 물질을 발견했다고 하는데, 그의 노벨상 수상 덕분에 중의학과 동양의 고서에 등장하는 약용 식물에 대한 관심도 높아지고 있다. 하지만 노벨상 수상위원회가 수상 이유를 밝힐 때에도 아르테미시닌을 항암제로 쓸 수 있다는 언급은 하지 않았다.

한의학에서는 전통적으로 이러한 약용 식물을 이용해왔다. 그러나 한약 가운데 임상시험을 통과해 질병 치료제로 개발된 것은 거의 없다. 그러다보니 한약의 성분을 이용하여 '보약'과 비슷한 애매한 건강기능식품으로 개발하는 경우가 많다. 보통 개발하는

데 10년 넘게 걸리는 신약보다는 상대적으로 쉽고 빠르게 만들어 출시할 수 있기 때문이다. 하지만 평소에 먹지 않는 약용 식물을 함부로 과하게 섭취하는 것은 위험하다.

비단 개똥쑥뿐만 아니라 미디어를 통한 마케팅은 이제 너무 흔하다. 문제는 항암제보다 1,200배 효능이 좋다는 식의 선정적인 정보들 상당수가 이런 마케팅을 통해서 유통되고 고착화된다는 것이다. 연구자의 양심과 미디어 종사자의 윤리가 요구되는 지점이다.

후발 주자들의 도발

식품업계는 보수적이다. 사람들 입맛도 보수적이다. 사람들은 익숙한 맛을 맛있다고 여기기 때문에, 식품업계에는 스테디셀러가 많으며 후발 주자들이 업계 1위로 올라서기가 힘들다. 이런 상황이니 후발 주자들은 업계의 판도를 흔들고 싶어한다. 판을 흔들기 위해서는 강력한 한방이 필요하다. 이때 광고가 그 수단으로 활용된다. '광고 전쟁'이 무차별적으로 벌어진다. 문제는 전쟁의 상흔이 전쟁 당사자인 기업에 남지 않고 소비자들에게 남는다는 것이다. 그로 인한 부작용도 만만치 않다.

1) MSG 전쟁

우리나라 최초의 조미료는 1956년 (주)동아화성공업(현 대상)

에서 생산한 '미원'이었다. 미원의 주성분은 앞서 6장에서 설명한 글루탐산나트륨^{MSG} 이다. 뒤이어 당시 삼성의 모기업인 제일제당이 '미풍'을 시장에 내놓았다. 영업사원들 사이에서 난투극까지 벌어졌을 정도로 격렬한 영업 전쟁이 벌어졌지만 미풍은 미원의 적수가 되지 못했다.

그러자 제일제당에서는 1975년 신개념의 조미료를 출시한다. 이른바 천연복합조미료다. MSG의 양을 25% 이하로 줄이고 쇠고기와 생선, 양파, 마늘 등을 섞은 '다시다'가 바로 그 주인공이다. 이때 '자연의 맛'이라는 광고 문구로 소위 '천연 논쟁'이 시작되었다. 천연 마케팅으로 다시다가 선전하자 동아화성공업에서는 뒤늦게 1982년 '쇠고기 맛나'라는 제품을 출시했다.

1993년 식품업과는 거리가 있었던 (주)럭키(현 LG생활건강)는 '맛그린'으로 조미료 시장에 뛰어들면서 그야말로 판을 흔들어버린다. 광고 카피는 "맛그린은 화학적 합성품 MSG를 넣지 않았습니다"였다. 맛그린은 당시 최고 인기를 구가하던 사회 고발 프로그램 「그것이 알고 싶다」의 사회자 문성근씨를 모델로 하여 대대적인 광고 공세를 시작했다.

'화학적 합성품 MSG'의 오명은 이때부터 시작되었다. 뒤이어 1970년대 서양에서 시작된 '중국집 증후군'$^{Chinese\ restaurant\ syndrome}$ 소문이 수입되었다. 미국의 중국 식당에서 요리를 먹은 사람 가운데 원인 모를 메스꺼움과 마비 증상을 호소하는 경우가 있어 이런 이름이 붙은 것이다. 뉴욕의 한 의사에 의해 유명 저널에까지 이 증상이 보고되었고[3] 사람들은 그 원인으로 MSG를 지목하였다. 물론 나중에 중국집 증후군은 일종의 플라시보 효과라는 것이 증명되었다. 한국 사람들은 외국의 소문이 들어오기 전까지는 중국집에 대한 큰 악감정이 없었지만, 그 소문이 퍼지면서 우리 사회에서 MSG는 나쁜 물질로 낙인 찍혔다. 어이없게도 이 혼란을 초래한 (주)럭키는 회사명을 'LG화학'으로 바꾸었고, 경쟁사 제품이 건강에 해로운 것처럼 선전했다는 죄목으로 사과 명령을 받았다. 그리고 1996년 말 판매 부진으로 적자가 누적되어 조미료 사업에서 철수하고 만다. MSG에 화학적 합성품이라는 딱지만 붙여놓은 채 말이다. 화학회사가 화학적 합성품 어쩌고 하다니 '자학적 마케팅'이라고 불러도 할말이 없는 상황이다.

2) 커피의 카제인산나트륨

한국인의 커피믹스(조제커피) 사랑은 유별나다. 한봉지 안에 커피, 프림, 설탕이 함께 들어 있는 커피믹스를 혹자는 한국식 '빨리빨리' 문화의 산물이라고도 한다.[4] 커피믹스 시장은 IMF 외환위기를 겪으며 커피 시장의 주류로 등극했다.

이 시장의 절대 강자는 커피믹스라는 제품군을 처음으로 만든 동서식품이다. 1976년 세계 최초로 커피믹스를 만들어 40년 가까이 1위를 고수하고 있으며 80% 넘는 시장점유율을 차지하기도 했다. 그 한참 뒤에서 네슬레의 '테이스터스 초이스' 등이 경쟁하는 상황이었다.

그런데 2010년 말 우유업체인 남양이 커피믹스 시장에 도전했다. 당시 남양은 '프렌치카페'라는 액상커피로 나름 성공을 거둔

상태였다. 남양은 자사의 액상커피 브랜드를 살려 '프렌치카페 카페믹스'라는 제품을 출시했다. 당시 최고의 스타였던 김태희와 강동원을 광고모델로 기용해 소비자의 시선을 끌었다. 광고의 주 내용은 더욱 파격적이었다. "프림 속 화학적 합성품 카제인산나트륨을 뺐다"라는 문구를 전면에 내세운 것이다.

때마침 그 당시에 커피 크림(프림)[5]으로 살이 찌면 20년을 운동해도 안 빠진다느니 하는 출처 불명의 악의적 소문들이 돌고 있었고, 방송에서도 커피 크림에 우유가 한방울도 들어 있지 않다는 식으로 커피 크림을 공격하던 시기였다. 그 상황에 맞춰 카제인산나트륨을 빼고 무지방 우유 skim milk 를 넣었다고 광고하는 것은 영리한 기획이었다. 남양은 커피시장에서는 마이너지만 유가공업 분야에서는 메이저 업체였기 때문에 무지방 우유를 사용하는 것은 좋은 전략이 아닐 수 없었다.

그런데 무지방 우유의 주성분이 바로 카제인이라는 데에 이 마케팅의 문제가 있다. 무지방 우유란 우유에서 지방을 제거한 우유를 뜻한다. 보통 우유 속에는 3.5% 내외의 지방과 3% 내외의 단백질, 그리고 5% 가까운 당류가 포함되어 있는데 여기서 지방을 제거하면 유당과 단백질이 주로 남는다. 그리고 우유 단백질의 80% 가까이가 바로 카제인이다. 그러니까 무지방 우유의 주성분은 카제인과 유당인 것이다.

그렇다면 우유 속 카제인과 카제인산나트륨은 다른 물질일까? 이건 글루탐산과 글루탐산나트륨 논쟁과 동일한 문제다. 어떤 물질에 나트륨을 붙이는 이유는 잘 녹게 만들기 위한 것이고 어차피 물에 들어가서 녹으면 그 차이는 없다고 보는 것이 타당하다. 그러므로 MSG나 카제인산나트륨을 화학적 합성품이라고 부르며 마치 피해야 하는 물질인 듯한 인상을 주는 것은 일종의 꼼수 마케팅이다. 하지만 남양은 이 마케팅에 힘입어 단숨에 커피믹스 시장 점유율 2위로 뛰어올랐다.

3) 가짜 우유와 고름 우유 파동

지금보다 훨씬 많은 사람들이 아침마다 신문을 펼쳐보던 시절, 유독 눈에 띄는 광고가 있었다. 요즘에는 촌스럽다고 꺼리는 궁서체 글씨에 마치 신문기사인 것처럼 보이는 광고였는데 그 독특한 광고를 게재한 기업은 파스퇴르유업이었다. 1987년 설립된 신생기업 파르퇴르유업은 "국내 최초 진짜 우유 탄생"이라고 광고하며 도발적 마케팅을 시도했다. 파스퇴르유업이 주장한 '진짜 우유'란 저온살균 우유를 뜻하는 것이었는데, 초고온순간살균 UHT 공법으로 생산하는 타사의 우유에 비해 자사의 우유가 국제낙농연맹 IDF 이 인정하는 '천연 영양 우유'라고 주장하였다. 물론 이 광고는 일부 내용이 허위·과장·비방을 포함하고 있다는 이유로 공정거래위원회로부터 시정 명령을 받았다. 초고온순간살균법은 120도가 넘는 고온에서 수초간 열을 가하여 살균하는 방법이고 저온살균법은 70도 이하의 낮은 온도에서 길게 열처리하는 방법인데 어떤 방법을 사용하든 우유의 품질에 큰 차이가 있다고 보기는 어렵기에 저온살균 우유만 천연 영양 우유라고 주장하는 것은 잘못된 것이었다.

1995년 10월 25일자 『조선일보』 1면 하단광고.

그 이후에도 파스퇴르유업의 기행은 계속되는데 그 대표적 사례가 1995년의 고름 우유 파동이다. 사건은 "유방염에 걸린 젖소에서 고름 섞인 우유가 나온다"라는 한 방송국 뉴스의 선정적 보도에서 시작되었다. 이 보도 직후 파스퇴르유업은 "우리 파스퇴르 우유는 고름 우유를 절대 팔지 않습니다"라는 광고를 신문에 게재했다. 다른 우유업체들은 이 광고를 보고 그럼 우리가 고름 우유를 판다는 말이냐며 격분했고, 이들이 절대 다수를 점하고 있는 유가공협회가 파스퇴르 우유에도 체세포가 들어 있으므로 고름 우유라고 맞대응했다.[6]

당시 우유 속에 체세포가 들어 있다는 말이 무슨 뜻인지 이해하는 사람은 거의 없었는데 심지어 목장 주인들도 잘 몰랐다고 한다. 원래 건강한 젖소에서 짜낸 우유에는 1ml에 약 6만에서 12만개의 상피세포와 4만에서 8만개의 백혈구(호중구)가 들어 있다. 우유 1ml 속에 약 20만개 정도의 체세포가 포함된 것은 지극히 정상이다. 만일 소의 유방에 염증이 생기면 백혈구가 증가해서 체세포 수가 증가한다. 하지만 이 경우에도 증가한 체세포를 다 고름이라고 할 수는 없다. 고름은 백혈구가 세균과 함께 덩어리져서 육안으로 보이는 것을 뜻한다. 문제는 당시 식품위생법에 시판 우유 속 체세포 수에 대한 기준이 없었다는 것이다. 이 사건이 남긴 좋은 영향이 있다면 이로 인해 우유 속 잔류 항생물질 허용기준치와 체세포 수 기준 규격을 만들었다는 것이다. 이유야 어떻든 체세포가 기준치 이상으로 과다한 것은 젖소의 건강에 이상이 있을 수 있다는 신호이기 때문에 규격을 정한 것은 바람직한 일이었다.

하지만 이 진흙탕 싸움은 모든 우유업체에 상처를 남겼고 소비자들에게도 우유에 대한 안 좋은 이미지를 남겼다. 우유 소비량도 사건 초기에는 15%나 감소했고 이렇게 감소된 소비량은 6개월이 지나서야 회복되었다. 후발업체 파스퇴르유업은 이러한 싸움으로 판을 흔들겠다는 목표를 달성했는지는 모르겠지만, 결국 IMF 외환위기 때 부도를 맞았고 이후 매각에 매각을 거듭하다 현재는 상표만 남아 있다.

4) 소주의 스테비오사이드

감미료는 가장 많은 수난을 겪은 물질이다. 설탕·사카린·아스파탐 등 옥고를 겪지 않은 감미료는 거의 없다. 식물성 천연감미료인 스테비오사이드도 예외는 아니었다. 물론 모두 무죄방면 되었다.

1960년대 쌀막걸리 제조가 금지되면서 희석식 소주가 한국인의 술로 부상하였다. 희석식 소주는 고농도 알코올인 주정에 물과 감미료를 섞어서 만드는데, 사카린의 유해성이 부각되면서 1990년부터 소주에 사카린 첨가가 금지되었다. 대신 물엿·아스파탐·스테비오사이드가 추가되었다. 소주업계는 무^無사카린 마케팅에 돌입했고 사카린 대신 스테비오사이드를 사용하기 시작했다.

스테비오사이드는 국화과 식물인 스테비아 *Stevia rebaudiana Bertoni*의 잎에 함유된 천연 배당체로서 설탕보다 300배 정도 높은 당도를 지닌 있는 물질이며 열에도 안정한 물질이다. 다른 저칼로리 감미료와 달리 천연물질이고, 일본과 브라질에서 오래 사용되어왔기에 소주업계에서는 당시 위해성 의심을 받던 사카린이나 아스파탐 대신 스테비오사이드를 점점 더 많이 사용했다.

그런데 갑자기 소주 업계에서 무첨가 마케팅 바람이 불기 시작했다. 그 선두주자는 보해양조였는데 1994년 말 '시티소주'를 내놓으면서 "조미료는 가라"라는 광고문구로 타사들을 자극했다. 이에 다른 소주 업체에서는 올리고당 소주, 벌꿀 소주 등을 출시했다. 호남을 기반으로 서울과 수도권 진출을 모색하던 보해양조는 '매취순'으로 전국적인 인기를 끌었던 여세를 몰아 1996년 봄에 국내 최초 프리미엄급 소주라는 '김삿갓'을 내놓았다. MSG, 소금 무첨가에 벌꿀로 맛을 낸 김삿갓은 출시 초기 꽤 인기를 누렸으나 그 인기가 오래 지속되지는 못했다. 그런데 그해 가을 국회 국정감사에서 스테비오사이드의 유해성에 대한 문제가 뒤늦게 제기되었다.

스테비오사이드 유해성 논란은 1994년 8월 스테비오사이드가 첨가된 한국 소주가 호주에서 전량 폐기된 사건으로부터 시작되었다. 일본에서 처음 개발된 스테비오사이드는 당시 미국·호주·뉴질랜드 등의 국가에서는 식품첨가물로 허가를 받지 않은 상태였기에 문제가 되었다. 유해성 문제라기보다는 식품 인허가와 관련된 문제였던 것이다.

이 소주 폐기 사건은 사실 처음에는 그다지 주목을 받지 못했다. 하지만 그 다음해 여름 『인사이드 월드』라는 잡지에서 이 사건을 재조명했고, 국내에서 검찰 및 보건복지부의 조사가 이루어졌다. 1996년 3월 보건복지부는 재차 스테비오사이드가 안전하다는 결론을 내렸다. 그럼에도 그해 10월 국정감사에서 다시 이 문제가 거론되었다. (원래 국정감사가 열리는 매년 10월은 온갖 식품 관련 뉴스가 쏟아져 나오는 시즌이다.)

때마침 보해양조는 자사의 모든 제품에서 스테비오사이드를 사용하지 않겠다는 선언을 하면서 "대한민국 사람들 스테비오사이드 계속 마셔도 됩니까"라는 광고를 시작했다. 다른 업체들은 당연히 강하게 반발했다. 스테비오사이드의 안전성 논란이 사회적 문제로 비화하자 정부에서는 소주에 스테비오사이드의 사용을 금지하려고 시도하였으나 식품 학자들과 업계의 설득으로 철회되었다. 하지만 이미 소비자들에게 스테비오사이드가 해로운 물질이라는 인식이 자리잡은 뒤였다.

이때의 논란이 무색하게도, 당시 스테비오사이드 사용을 허용치 않았던 미국에서는 현재 어느 커피 전문점에 가든 설탕 옆에

스테비아 봉지를 놓아둔다. 다른 합성 저칼로리 감미료와 달리 천연이라고 광고도 한다. 한 시장조사 기관은 천연감미료에 대한 선호도가 높아짐에 따라 2020년이 되면 스테비오사이드의 시장이 6억 달러에 육박할 것으로 전망하기도 했다.[7]

5) 발효 자일리톨

좋은 CM 송은 사람들로 하여금 무의식적으로 흥얼거리도록 만든다. "껌이라면 역시 롯데~껌" 같은 경우다. IMF 사태 이전 우리나라 제과 시장의 2강은 롯데와 해태였는데, '세시봉'의 두 주역이 껌 광고에서 맞붙은 적이 있다. 윤형주를 앞세운 롯데껌과 김세환의 해태껌 대결에서 승리는 윤형주가 차지했던 것으로 기억한다. 롯데는 해방 전 일본에서 껌 장사로 시작한 기업이니 그럴 만도 하다.

IMF 때 해태가 무너진 자리를 딛고 올라선 기업은 동양제과였다. 당시 껌 업계에선 플라보노이드가 첨가된 '후라보노'의 시대가 가고 치아 건강에 도움이 된다는 자일리톨 껌이 대세로서 입지를 다져가고 있었다. 롯데는 핀란드 자작나무에서 추출한 자일리톨이라면서 무설탕 껌의 판촉에 열을 올리고 있던 상황이었다. 그러니 동양제과는 무언가 다른 방식으로 접근해야 했다. 그래서 개발한 것이 발효 자일리톨 껌이다.

동양제과와 (주)보락과 KAIST 연구진이 공동 개발한 발효 자일리톨은 옥수수대에서 추출한 자일로스 당을 효모로 발효해서 생산했다. 이 방법은 국내외 특허를 획득했을 뿐만 아니라 각종

상을 수상하며 나름 훌륭한 기술로 인정받았다. 동양제과에서는 오리온 자일리톨껌을 출시하면서 "화학적 촉매제로 만든 자일리 톨껌과 100% 발효법으로 만든 껌, 어느 것을 씹으시겠습니까?" 라는 광고를 게재했고, 이로써 자일리톨 전쟁이 시작되었다. 껌 업계 1위인 롯데는 "미생물 발효법은 부산물이 많이 발생해 냄새 가 그대로 남아 있을 수 있다"라고 맞불을 놓았고 두 업체는 소송 에 돌입했다. 동양제과의 입장에선 발효가 화학처리보다 더 좋다 는 통념을 이용해 마케팅을 한 것이었지만 공정위와 법원은 롯데 의 손을 들어주었다.

이외에도 후발 업체들이 도발적으로 마케팅을 시도한 사례는 많다. 하지만 논란이 된 물질이 엄청나게 해로웠던 적은 거의 없 고 소비자들에게 엉뚱하고 잘못된 정보만 퍼뜨리고 끝나는 경우 가 대부분이었다. 전후 자초지종을 모두 파악하기 힘든 소비자로 서는 그 자세한 내용보다 싸움이 났다는 것에 집중하고 엉뚱한 편견과 선입견을 갖게 되기 마련이다.

정보 신뢰수준의 10단계

요즘은 TV 드라마나 영화에서도 제품 간접 광고product placement, PPL를 흔히 볼 수 있다. 필요해 보이지도 않는데 주인공이 커피를 사들고 다닌다거나 영화에 특정 자동차만 나온다거나 하는 경우 들이다. 마찬가지로 떠도는 식품 정보에도 마케팅의 흔적이 곳곳에 숨어 있다. 기업 활동뿐 아니라 중립적으로 보이는 연구 활동에서도 마찬가지다. 그래서 어떤 정보를 보거나 들으면 그 신뢰 수준이 어느 정도 되는지 판단할 필요가 있다. 다음은 어떤 식품 정보를 접했을 때 그 출처에 따라 얼마나 그 정보를 신뢰할 수 있는지 판단하는 방법을 임의로 나눠본 것이다.

① 회사 부장님 수준 출처 불명의, 그저 주워들은 수준의 이야기다. 일단 정보의 출처가 없으면 그 정보는 신뢰할 수 없다. 사람들이 전하는 말의 출처를 다 찾아보기는 어렵지만 어디서 들었는지 출처가 없는 정보는 크게 염두에 두지 않는 것이 맞다.

② 자기 체험 수준 내가 또는 내 주변 누군가가 먹어봤는데 좋더라, 나쁘더라 수준의 이야기다. 의외로 사람들은 자기 체험을 절대시한다. 하지만 인간의 감각은 불완전하고 사고는 자의적이다. 블라인드 테스트를 해보면 의식이 감각을 지배하는 경우가 얼마나 많은지 알 수 있다. 자기 체험을 일반화하는 것은 어리석은 일이다.

③ 홍보 및 광고 수준 기업체·지자체 등에서 홍보나 광고를 목적으로 발표하는 자료들이다. 최근에는 특히 정부나 지자체의 하부 기관에서 경제발전을 위한다는 명목으로 이런 정보들을 생산한다. 특정 식품이나 특산품 등에 살을 붙여서 엉뚱한 효능과 효과를 홍보하는 경우가 많다. 홍보용 보도자료는 언론에서 좀 걸러내야 하는데 이런 내용을 그대로 보도하는 경우가 많은 것도 아쉽다.

④ 대중도서 수준　대중을 대상으로 쓴 책들은 내용을 쉽게 설명하려다가 엉뚱한 오해를 일으키는 경우가 많다. 배경지식이 없는 사람이 쉽게 작성된 정보에 접근했을 경우 내용의 경중을 파악하지 못해 오독을 하는 경우도 발생한다. 아울러 특정한 사상·가치관·철학을 지닌 저자가 쓴 책은 정보편향의 우려도 있다. 특히 방송에서는 특정 책 내용을 바탕으로 다큐멘터리를 만드는 경우가 많은데, 그런 경우 내용을 꼼꼼하게 점검하는 것이 좋다. 물론 신뢰할 수 있는 좋은 책도 꽤 있다.

⑤ 학회 발표 수준　학회나 심포지움에서 발표된 내용은 과학적 발표의 가장 초기 단계이다. 추후에 논문화가 되었는지 꼭 확인해봐야 한다. 학회 발표는 엄밀한 심사를 거치지 않는 경우가 많기 때문에 나중에 발표한 논문은 내용이 약간 달라지기도 한다. 수행 중인 프로젝트 홍보를 위해 학회를 활용하는 연구자들도 있다.

⑥ 논문: 시험관 실험 수준　뒷장에서 자세하게 다루겠지만 시험관 수준의 논문은 제일 간단한 초기 단계 실험 후 쓴 것이므로 과신 금물이다. 생물체 내에서 실험한 것이 아니라 배양한 세포 수준의 실험이다. 암세포를 죽이는 물질은 많아도 항암제는 몇 없다.

⑦ 논문: 동물실험 수준　인간을 대상으로 직접 실험하기 어려운 경우 동물 대상으로 먼저 실험을 진행한다. 물론, 잘 설계된 동물실험의 경우는 개연성이 있고 함부로 무시해서는 안 된다. 하지만 동물실험에서 효과를 보여도 사람에게 효과가 없는 경우도 많다.

⑧ **임상시험 수준** 사람에게 적용해본 경우이므로 중요하다. 다만 그 대상이 얼마나 되는지, 특정 집단이 대상인지 파악해야 한다. 논문을 냈다면 실험을 대충 하지는 않았겠지만 대상이 지나치게 적은 경우 신뢰도가 떨어지는 결과라고 봐야 하고, 특정 환자만을 대상으로 했다면 해당 질병이 없는 사람들에게는 별로 중요하지 않을 수도 있다.

⑨ **대규모 역학-관찰 조사 수준** 역학조사는 질병의 발생이나 효능의 여부를 탐색하는 매우 유효한 수단이다. 다만 대규모로 진행하려면 비용과 시간 등 난점이 많기 때문에 관련 연구의 수가 많지 않다.

⑩ **메타분석 수준** 충분한 연구를 통해 관련 데이터가 충분히 쌓인 상황에서 신뢰할 만한 역학조사 결과들만 모아서 다시 분석하기 때문에 신뢰 수준은 가장 높다. 하지만 직접 실험한 것이 아니라 남들의 데이터를 모아서 분석하는 것인데, 어떤 데이터를 넣을 것이냐에 대한 논쟁도 자주 일어난다.

이렇게 식품과 관련된 정보의 수준을 나눠볼 수 있으며, 모든 방법에는 어느정도 한계가 있다는 것을 염두에 두어야 한다. 하지만 한계가 존재한다고 해서 자기 마음대로 믿어서는 곤란하다. 그 어떤 정보에도 마케팅과 연구자 개인의 욕심이 개입될 수 있지만 그래도 합리적인 결정을 위해서는 '지금 이 순간'까지의 과학적 결과를 최우선적으로 고려해야 한다.

식품 소비자들이 이런 것까지 해야 하느냐는 생각이 든다면,

좀더 신뢰할 만한 언론과 매체를 응원하는 것도 한 방법이다. 신뢰할 수 있는 출처의 정보를, 그 속에 담긴 연구자의 의견이나 마케팅적 측면들을 잘 구분해 전달한다면 독자, 즉 소비자들의 비용 및 에너지 낭비를 크게 줄일 수 있다. 언론 매체는 이 부분을 염두에 두고, 더 나은 정보를 생산하려는 노력을 늘 기울여야 한다.

9

식품 연구에 속지 않는 법

왜 식품 연구는 이랬다가 저랬다가 하는가?

월드스타 싸이의 데뷔곡 「새」에 보면 이런 가사가 나온다. "이 랬다가 저랬다가 왔다 갔다, 나 갔다가 너는 밤낮 장난하나." 꼭 사람들이 식품과 관련된 기사나 정보를 보면서 느끼는 감정을 표현한 것만 같다. 좋다고 하다가 나쁘다고 하고 언제는 먹지 말라고 하더니 또 괜찮다고 한다. 심지어 전문가 사이에서도 의견이 다르다. 아마 이 책을 읽고 있는 독자들 가운데도 그런 혼란스러움을 느꼈던 분들이 있을 것이다.

그런 '변덕'은 몇가지 이유 때문에 발생한다. 첫째는 새로운 사실이 드러나는 경우다. 가장 좋은 예는 콜레스테롤이다. 2014년 봄, 미국 식생활지침자문위원회DGAC, Dietary Guidelines Advisory Committee는 콜레스테롤 함유량이 높은 음식 섭취에 대한 경고를 폐지하기로 결정했다.[1] 그전까지 사람들은 달걀 노른자나 새우를 먹을 때마다 콜레스테롤이 높으니 너무 많이 먹지 말라는 잔소리를 들어야 했다. 하지만 이제 그런 잔소리는 더이상 유효하지 않다. 우리가 먹는 콜레스테롤이 혈중 콜레스테롤 수치와 큰 관계가 없음이 밝혀졌기 때문이다. 정확하게는, 새롭게 드러났다기보다 충분히 많은 연구를 통해 과학자들이 새롭게 합의를 했다고 보는 쪽이 맞다.

1950년대 안셀 키스Ancel Keys 교수가 고지방 섭취가 혈중 콜레스테롤을 높여 심장병 위험을 높인다는 가설을 주장함으로써 길고 긴 지방 전쟁fat war이 시작되었다. 키스 교수의 가설은 설득력이 있었고 1960년대에는 미국 DGAC에서 하루 콜레스테롤 섭취량

① 1961년 1월 31일, "저지방 다이어트를 주장한 과학자 안셀 키스의 주장을 조명하다"(highlighting the view of low fat diet scientist Ancel Keys).
② 1984년 3월 26일, "콜레스테롤: 이제는 나쁜 뉴스"(Cholesterol: and now the bad news).
③ 2014년 6월 23일, "버터를 먹어라: 지방을 적으로 간주했던 과학자들. 그들이 틀렸던 이유는"(Eat Butter: Scientists Labeled Fat the Enemy. Why they were wrong).

을 30mg 이하로 줄일 것을 권장했다. 이 가이드라인은 2010년까지 50년 가까이 이어졌다. 한때 완전식품이라는 칭송까지 들었던 계란은 200mg이 넘는 콜레스테롤을 함유하고 있다는 이유로 바닥에 내던져졌다.

먹는 콜레스테롤이 혈중 콜레스테롤 수치와 큰 관계가 없다는 주장도 없었던 것은 아니다. 실은 이 주장 역시 수십년 전부터 제기되었다. 실제로 우리가 음식으로 섭취하는 콜레스테롤보다 몸에서 만들어지는 콜레스테롤의 양이 더 많다. 엄청난 판매고를 올려온 고지혈증 치료제들은 바로 그 체내 생성 콜레스테롤을 억제하는 약물들이었다. 이 주장이 좀더 과학적 지지를 받게 되면서 2010년 DGAC는 하루 콜레스테롤 권장 섭취량을 300mg으로 10배 올렸다. 그렇다고 콜레스테롤을 안심하고 막 먹어도 되는지는 여전히 논쟁 거리였는데, 결국 2014년 여러 관계자들의 합의로 콜레스테롤 섭취 제한이 폐지된 것이다. 이는 과학의 자연스러운 발전 과정이지만 전후 사정을 다 알지 못하는 사람들은 변덕스럽다고 느끼기 쉬울 것이다.

콜레스테롤만 그런 것이 아니다. 언제는 오메가3 지방산이 좋다고 하더니 이제는 별 효과가 없다고 하고, 효과가 없다고 하더니 다시 등푸른 생선은 많이 먹으라고 하는 식이다. 소시지나 햄은 발암물질이라고 하더니 누군가는 또 괜찮다고 한다. 식품의 위해성이나 기능성은 정말 믿을 만한 것일까? 그렇다면 대체 어느 정도나 믿어야 할까?

한때 '막걸리가 암에 좋다'라는 이야기가 한식 세계화 붐을 타고 떠돌았다. 그런데 그 의미를 정확하게 알고 있는 사람은 거의 없는 것 같다. 여기서 퀴즈를 내보자. 막걸리가 암에 좋다는 것은 무슨 뜻일까? 쉽게 답을 이야기하기 어려울 수 있으니 객관식으로 맞춰보자.

① 막걸리를 암 환자가 마시면 건강이 좋아진다.
② 막걸리를 마시면 암에 걸리지 않는다.
③ 막걸리를 마시면 암에 걸리기 좋다.
④ 막걸리를 마시면 암에 걸릴 확률이 낮아진다.
⑤ 막걸리를 마시면 다른 술을 마시는 것보다 암에 걸릴 확률이 낮아진다.
⑥ 막걸리를 암 환자가 마시면 암이 줄어든다.
⑦ 막걸리 속에는 암세포를 죽이는 성분이 들어 있다.

정답은? 나도 모른다. 아직까지 여기에 대한 연구가 충분히 진행되지도 않은 것 같다. 다만 막걸리 속 어떤 물질이 암세포 생장을 억제한다는 것까지는 어느정도 확인이 되었다. 막걸리 지게미의 성분이 암세포의 성장을 억제한다는 논문도 있고 막걸리 속 파르네솔이라는 물질이 항암 효과와 관련 있다는 보도도 있었다.

그러므로 지금까지의 연구 결과로 가장 정답에 가까운 것은 7번일 듯하다. 사람들은 1번이나 2번을 기대하는 것 같지만, 아마 3번도 그만큼 답에 가까울 것이다.

앞서 말한 대로 식품은 약이 아니다. 그런데 사람들은 식품의 효능을 의약품과 같은 것으로 착각하고 그 효능을 의약품과 비슷한 수준으로 검증하길 기대한다. 하지만 식품 연구는 기본적으로 한계가 많고 의약품과 같은 수준의 연구는 불가능하다. 그 이유는 여러가지가 있지만 일단 식품이 단일 성분이 아니라는 점을 꼽을 수 있다. 의약품처럼 성분이 명확하지 않은 것이다. 소위 생약 성분이나 식물 추출물이 들어간 의약품도 있지만 그 경우에도 품질 관리를 위해 '지표물질'이라는 것을 설정해 함유량을 관리한다. 지표물질이란 제조공정의 표준화 또는 기능성 성분을 관리하기 위해 선정한 혼합물 가운데 특정 성분을 뜻한다. 즉 지표물질이 기준치보다 적게 들어 있다면 제조공정상의 문제가 있거나 기능성 성분 함량이 적다고 볼 수 있다.하지만 식품의 성분은 품종에 따라 다르고, 계절에 따라 달라지기도 하며, 어떻게 키우고 어떻게 가공하느냐에 따라 달라진다. 또한 식품 속에는 고분자 물질이 많아서 성분 분석을 정확하게 수행하기가 힘들다. 특정 식품을 먹은 사람과 안 먹은 사람의 차이를 보는 역학 분석도 어렵다. 다른 음식물로도 비슷한 성분을 섭취할 가능성이 높기 때문이다.

단일 성분의 건강기능식품이 없는 것은 아니다. 대표적인 것이 글루코사민이다. 글루코사민은 연골 구성 물질로서 한때 퇴행성 골관절염 통증 완화 효과가 있다고 알려져 전세계적으로 엄청난 판매고를 올렸다. 하지만 임상시험의 결과들은 서로 엇갈렸고, 통증 완화 효과 논쟁이 계속되었다.[2] 심지어 식품회사의 연구비를 받은 연구는 효과가 더 높게 나온다는 주장까지 제기되었다. 2010년 『브리티시 메디컬 저널』에는 임상시험의 메타분석을 통해 글루코사민의 통증 완화 효과가 없다고 밝힌 논문[3]이 발표되었다. 이 논문으로 인해 몇몇 국가에서는 글루코사민의 처방에 의료보험을 적용하지 않기로 결정하기도 했다.

내가 대학에 임용된 지 얼마 안 되었을 때 연세 지긋하신 교수님과 식사를 한 적이 있다. 그 교수님께서는 계단을 이용하지 못하실 정도로 무릎 관절염이 심하셨는데 글루코사민을 계속 드시고 계셨다. 식사 도중에 글루코사민 이야기가 나왔는데, 거기서 새파란 신임 교수가 최신 메타분석 결과를 들이밀며 글루코사민은 효과가 별로 없다는 소리를 한 것이다. 그 교수님은 현재 본인이 복용으로 인한 효과를 보고 있는데 어찌 식품을 연구하는 교수가 그런 소리를 하느냐고 야단을 치셨다. 엇갈리는 연구 결과를 생각해보면, 자연스러운 반응이다.

잘 찾아보면 제약회사 측에서 지원을 받지 않고도 글루코사민의 골관절염 통증 완화 효과를 밝히려는 논문도 아직 나오고 있다.[4] 그러므로 앞으로 결과가 어떻게 또 바뀔지는 모른다. 중요한 것은 이렇게 글루코사민처럼 단일한 물질이고 다른 식품으로 섭취할 가능성이 크지 않은 물질의 경우에도 정확한 효능 검증이 어렵다는 것이다. 그러니 복잡다단한 다른 식품들은 어떻겠는가?

식품 분석 방법의 한계

식품 관련 학과에 들어오면 누구나 식품 속에 단백질이나 지방이 얼마나 들어 있는지 정량하는 방법을 배운다. 그 방법은 '조' 단백질 정량, '조'지방 정량이라고 부른다. 여기서 '조'자는 '거칠 조^粗'자인데 단백질이나 지방의 양을 정확하게 측정하는 것은 불가능하기 때문에 대충 거칠게 어느 정도 있는지 알아보는 방법이라는 뜻이다.

특히 분자량이 큰 고분자 물질을 분리하고 분석하는 것은 매우 어렵다. 예를 들어 단백질을 분석하는 방법은 자외선 흡광도를 재는 방법, 뷰렛법이나 브래드포드법과 같은 발색법, 총 질소를 측정하는 킬달법, 고가의 단백질 분석기를 이용하는 방법 등 다양하다. 각 방법마다 장단점이 있고 어떤 상태의 식품이냐에 따라 다른 방법을 사용한다. 식품에서 조단백질의 정량은 대부분 킬달법을 사용한다. 이 방법은 식품 속 질소를 정량하고 질소계수(단백질 중의 질소 함량)를 곱하여 단백질 양을 구하는 것인데 질소계수는 식품의 종류마다 조금씩 다르다.

결국 어떤 조건에서 실험했느냐, 어떤 기계를 썼느냐, 방법이 무엇이냐, 어떤 사람이 했느냐에 따라서 결과 값이 달라질 수 있는 것이 식품 분석법이다. 게다가 대부분 식품 원료의 상태는 균일하지 않다. 같은 나무에서 같은 날 수확한 사과라고 하더라도 햇볕을 많이 받은 쪽과 아닌 쪽의 사과 속 당분 함량은 다르다. 그러므로 식품 속 성분을 비교할 때는 그 차이가 유의미한 것인지 아니면 무의미한 것인지 판단할 눈이 필요하다.

물론 식품 성분 분석의 방법적 한계가 있다고 해서 그 값이 틀렸다고 생각해서는 안 된다. 동일한 방법으로 실험했을 때 항상 비슷한 결과가 나오느냐가 중요하다. 이와 같은 방법적 한계를 보완하기 위해 우리나라에선 식품 공전에 표준 실험 방법을 정해 놓고 그 방법에 따라서 실험한 결과를 인정한다.

트랜스지방 0의 꼼수?

이런 식품의 정량 한계와 관련된 논쟁이 트랜스지방 표기 문제이다. 트랜스지방이란 주로 불포화지방을 포화지방으로 바꾸기 위해 수소를 첨가하면서 발생하는 해로운 물질이지만 우유나 모유, 육가공품 등 자연계에도 일부 존재하는 물질이다. 식물성 불포화지방은 산패가 쉽고 식품의 가공 적성이 좋지 않아 과거에는 불포화지방에 수소를 첨가하여 단단한 포화지방(경화유)을 만들어 사용했다. 그 대표적인 제품이 쇼트닝이다. 쇼트닝으로 굽거나 튀기면 식품이 바삭바삭하고 고소한 맛이 나며 산패가 덜 되는 장점이 있지만 트랜스지방이 생성된다는 것이 알려져 최근에는 그 사용량이 급격히 줄었다.

트랜스지방은 소위 나쁜 지방이라고 불리는 LDL 콜레스테롤 수치를 높이고 동맥경화 등 심혈관계 질환 발병 가능성을 높이는 것으로 알려지면서 사회의 공적으로 분류되었다. 그렇기 때문에 반드시 그 함량을 식품에 표기하도록 되어 있다. 2015년 봄 미국 FDA는 부분경화유partially hydrogenated oils, PHO를 안전하다고 인정되는 GRAS 목록에서 제거하고 가공식품에 첨가하지 못하도록 퇴출 조치를 내리기도 했다.[5] 그런데 문제는 우리나라에선 1회 섭취량 기준 0.2g 미만의 트랜스지방은 0으로 표기할 수 있다는 것이다. 이를 안 일부 시민들과 블로거들은 식품회사의 꼼수라며 비난하고 있다.

그렇다면 왜 0.2g 이하의 트랜스지방은 0으로 표기할 수 있게 허용한 것일까? 이는 트랜스지방 함량 측정의 오차 한계, 자연적으로 존재하는 함량, 그리고 미량의 트랜스지방이 건강에 미치는 영향을 검토한 종합적 결과이다. WHO에서 정한 트랜스지방 섭취 안전 기준은 전체 에너지 섭취량의 1% 미만이다. 인간의 하루 섭취 칼로리를 2,500kcal로 본다면 25kcal 정도이다. 지방은 1g당 9kcal 이므로 대략 3g 이하의 트랜스지방 섭취는 안전하며 0.2g 미만의 양은 큰 영향을 미치지 않는다고 볼 수 있다. 우리나라뿐 아니라 미국도 100g 당 0.5g 미만의 트랜스 지방은 0으로 표기할 수 있고 일본은 0.3g 미만을 0으로 표시 가능하다.

이러한 표시 기준은 트랜스지방에만 해당되는 것이 아니다. 현행 우리나라 식품 표시 기준을 보면 단백질·당류·지방 등 대부분의 영양소들은 0.5g 미만인 경우 0으로 표시할 수 있으며 콜레스테롤의 경우는 2mg 미만, 나트륨은 5mg 미만, 비타민과 무기질은 영양소 기준치의 2% 미만인 경우 0으로 표시가 가능하다.

대학원 신입생이 김치에 항암작용이 있는지 확인하는 실험을 한다고 해보자. 보통은 일단 김치를 시험관 속 암세포에 처리해서 암세포가 죽는지부터 테스트하게 된다. 이것을 시험관 실험 in vitro test 이라고 한다. 그런데 암세포의 종류는 매우 많다. 게다가 김치의 종류도 엄청나게 많다. 그것을 모두 조합하는 데는 막대한 노동력이 필요하다. 물론 대부분의 대학원 신입생은 시키면 시키는 대로 할 것이다.

김치의 성분이 암세포를 죽였다고 좋아했는데 정상세포까지 죽이는 경우도 있다. 게다가 암세포가 죽었다 할지라도 그게 김치 속 소금의 영향인지, 마늘의 영향인지, 고추의 영향인지, 젓갈의 영향인지 정확하게 알기는 힘들다. 그래도 똑똑하고 성실한 대학원생들이라면 이 정도는 알아낼 수 있다.

시험관 실험에서 좋은 결과를 얻었다면 보통은 쥐를 대상으로 실험한다. 실험용 쥐에는 마우스 mouse 와 랫 rat 이 있는데 마우스 Mus musculus 는 디즈니의 상징인 미키마우스, 즉 생쥐이고, 랫 Rattus norvegicus 은 예전 집 천장에 득시글거렸던 그 집쥐다. 그런데 정상인 쥐에다 김치를 먹여서 암에 걸릴 확률이 낮아지는지 실험을 하려면 그 대학원생은 졸업 못할 각오를 해야 한다. 정상인 쥐가 암에 걸릴 확률도 높지 않고 암에 걸리려면 시간도 오래 걸리기 때문이다. 게다가 통계적으로 의미가 있으려면 엄청 많은 수의 쥐를 키워야 한다. 보통은 일부러 쥐에다 암을 유발시키고 김치나 김치 추출물을 먹여서 종양의 크기가 줄어들거나 암 관련 유전자의 발현량이 변화하는지를 보게 된다. 이런 실험을 동물실험이라고 한다.

사실 동물실험은 꽤 논란이 많다. 쥐와 인간의 유전자는 99% 동일하고 질병 관련 유전자는 90%가 동일하므로 "인간과 쥐는 꼬리가 있고 없고의 차이가 있을 뿐"[6]이라며 쥐 실험의 효용을 주장하는 사람들이 있는 반면, 쥐 실험에서 성공적이었지만 임상시험에서 탈락한 신약 후보 물질들이 부지기수라며 쥐 실험의 효용성에 의문을 제기하는 사람들도 있다. 쥐가 아니라 사람과 가까운 영장류로 실험을 하면 좋겠지만 키우기도 어렵고 수명이 길고 유전자를 다루기도 힘든 영장류를 대상으로 실험을 한다는 것은 결코 쉬운 일이 아니다. 정상이 아닌 특정 질병 상태에 있거나 특정 질병에 잘 걸리게 만든 동물을 대상으로 실험해서 약간의 증상 호전을 보인 것을 효과라고 이야기할 수 있는가의 문제도 있다. 종양의 크기가 좀 줄었다고 암이 낫는다고 말할 수 없는 것이다.

정상 상태인 동물을 대상으로 실험을 한다고 해도 실험 디자인에 문제가 있을 수도 있다. 예를 들어 김치를 먹인 것과 안 먹인 것을 실험할 수도 있고 김치를 먹인 것과 김치에 들어가는 생채소를 동량 먹인 것으로 실험을 할 수도 있다. 이런 것을 대조군 실험이라고 하는데 대조군이 있어야 효능 검증이 더 정확해진다. 그런데 앞서 말한 바와 같이 이런 다양한 조건의 대조군을 모두 실험하려면 쥐를 수백, 수천 마리 키워서 실험을 해야 한다. 비용과 공력이 많이 들어 실현되기 어려운 일이다.

동물실험이 어려운 이유?

같은 종의 동물이라도 각 개체는 서로 조금씩 다르다. 알레르기를 생각해보면 쉽게 알 수 있다. 내가 너무나 좋아하는 음식이 다른 사람에겐 치명적인 독이 될 수 있는 것이다. 심지어 일란성 쌍둥이 사이에도 알레르기 발현 여부는 다를 수 있다. 그래서 동물에게 뭘 먹여서 어떤 변화가 일어난다고 해서 그 결과를 그대로 다 믿을 수는 없다. 보통 이럴 때는 통계적 유의성을 따지게 된다. 하지만 통계적으로 의미가 있으려면 그 개체수가 많아야 하고 차이가 명확해야 한다.

2012년 프랑스 캉 대학의 세랄리니 교수팀은 미국 몬산토 사의 유전자변형[GM] 옥수수 NK603을 2년간 먹인 쥐들이 일반 옥수수를 먹고 자란 실험쥐들에 비해 종양과 장기 손상이 더 많이 발생했다는 논문을 발표했다.[7] 연구진은 암수 각 100마리씩 도합 200마리의 쥐를 10마리씩 20개 그룹(암수 각각 10그룹)으로 나누었다. 그리고 일반 옥수수와 물을 먹인 암수 각각 한 그룹(대조군), 일반 옥수수와 농도를 달리해 제초제 섞인 물을 먹인 암수 각각 3그룹, GM 옥수수의 농도를 달리해 GM 옥수수인 NK603과 물을 먹인 암수 각각 3그룹, 농도를 달리한 NK603과 제초제 섞인 물을 먹인 암수 각각 3그룹으로 나누어 2년간 GM 옥수수의 독성 실험을 진행했다. 쥐의 반복투여 독성 실험은 3개월 이상은 하지 않는 것이 통상적인데, 쥐의 평균 수명에 가까운 2년간 실험을 했다는 것은 사람으로 말하자면 80년 동안 GM 옥수수와 제초제를 먹였다는 의미가 된다. 이 논문은 GMO의 유해성과 관련해 학계의 심사를 통과한 거의 첫 논문이었다.

논문이 발표되자마자 전세계 학계는 이 논문을 가지고 논쟁을 벌였고 세랄리니 교수팀의 논문은 저널 편집진에 의해 강제철회되었다. 선택한 스프라그-돌리 Splague-Dawley 라는 쥐가 암에 걸리기 쉬운 종이고, 통계를 내기에는 그룹당 쥐의 개체수가 너무 적으며, GM 옥수수의 농도와 상관관계가 없고, 쥐에게 먹인 사료가 불분명하다는 등 여러가지 죄목이 붙었다. 그렇다 하더라도 과학계에서 이런 식으로 논문이 철회되는 것은 매우 이례적인 일이다. 가뜩이나 GMO의 안전성은 민감한 문제인데 이 논문 철회 사건으로 GMO에 대한 논쟁의 양상은 더욱 복잡해졌다.

지난 2005년에도 이와 유사한 사건이 있었다. 이때는 GM 옥수수가 아니라 GM 콩이 문제였다. 유전자변형 콩을 먹인 쥐의 사산율이 높고 발육부진을 보였다는 보도가 나온 것이다. 이 연구의 주인공은 러시아의 이리나 에르마코바 Irina Ermakova 박사였는데, 문제는 이 내용을 논문으로 발표하지 않고 대중과 언론에 흘렸다는 것이다. 이 결과는 과학적으로 검증되지 않고 언론 기사와 인터넷에 떠돌기 시작했다. 2년이 지난 2007년, 이 분야 최고 유력 저널인 『네이처 바이오테크놀러지』에는 매우 이례적인 논평이

게재되었다. 『네이처 바이오테크놀러지』의 에디터와 4명의 학자가 에르마코바 박사의 연구를 철저하게 비판한 글이었는데, 한마디로 에르마코바 박사의 연구는 실험 디자인부터 총체적으로 잘못되었다는 내용이었다.

이들 과학자의 주장은 다음과 같다. 먼저 에르마코바 박사가 GM 콩을 구입했다는 회사는 100% GM 콩은 판매하지 않고 판매한 적도 없으므로 GM 콩만 먹인 쥐의 실험은 불가능하다는 것. 그리고 대조군 그룹에게 먹인 콩단백질 함유물은 영양학적으로 GM 콩가루와 다르다는 것. 쥐를 키울 때 어떻게 키웠는지, 주어진 먹이를 쥐들이 얼마만큼씩 먹었는지 등등이 기술되어 있지 않다는 것. 여기에 반복실험으로 재현되는 것이 중요한데 에르마코바 박사는 한 그룹에 다섯마리 정도를 사용했기에 개체수가 너무 적다는 점(보통은 그룹당 25~30마리 정도는 있어야 한다), 태어난 새끼들이 젖을 떼었는지, 어미로부터 격리되었는지의 여부, 태어난 새끼들의 성별과 숫자가 밸런스를 이루었는지도 불분명하다는 점 등이 포함되었다. 이 논평 이후 에르마코바 박사의 반론과 해명이 있었지만[8] 이 연구는 결국 어떤 학술지에도 제대로 게재되지 못했고 연구 결과의 선정적인 발표 사례로 남았다.

이렇듯 동물을 가지고 엄밀한 실험을 한다는 것은 쉬운 일이 아니다. 물론 GMO처럼 격렬하게 의견이 부딪히지 않는 분야나 조금 낮은 수준의 저널에서는 이렇게까지 까다롭게 굴지 않는 경우도 있다. 하지만 어떤 경우든 동물실험의 결과를 볼 때는 어떤 동물로 실험을 했는지, 그 동물이 정상인지 비정상인지, 어떤 조건에서 실험을 했는지 따져볼 필요가 있다. 그리고 한번의 실험으로 결론을 내서도 안 된다.

식품의 기능성, 어디까지 믿어야 하나?

가끔 수업과 관련해서 건강과 관련된 TV 프로그램을 살펴보다 보면 흥미로운 패턴을 발견할 수 있다. 일단 어디가 아픈 사람이 나온다. 그리고 병원에 가서 진단받는 장면과 그 병에 대한 소개가 뒤따른다. 그리고 그가 먹는 음식이 소개된다. 음식 속 어떤 성분이 어디에 좋다는 이야기와 주인공의 간증이 뒤를 잇고 마지막은 병이 호전된다는 흐뭇한 해피엔딩이다.

그런데 어디에 뭐가 좋다는 내용을 하나씩 따져보면 거의 대부분이 항산화 효과나 면역력 증강 효과 같은 것이다. 간단하게 줄여 말하자면 항산화 효과란 '활성산소'의 작용을 억제하는 효과가 있다는 뜻이다. 활성산소라는 단어는 잘못 지어진 일본식 조어로, 학계에서는 '반응성 산소종'reactive oxygen species, ROS 또는 '반응성 산소화합물'이라고 부른다. 이 반응성 산소종은 우리 몸속에서 만들어지는데 이름 그대로 다른 물질과 반응이 잘 일어나 DNA나 단백질의 정상적인 기능을 억제하는 유해한 물질이다. 많은 학자들이 반응성 산소종의 작용을 억제하면 노화를 예방하고 DNA 돌연변이를 막아서 암 발생을 억제하는 효과가 있을 것으로 생각하고 있다.

그렇다면 항산화 활성 기능을 나타내는 성분이 함유된 식품은 얼마나 될까? 미안하지만 항산화 활성 기능이 없는 식품을 찾기가 더 어렵다. 식물성 식품에는 거의 다 있다고 할 수 있고, 동물성 식품 중에도 항산화 활성 기능 성분이 포함된 것이 있다. 아마 어떤 식물성 식품의 항산화 효과에 대한 논문이 없다면 그건 아직 연구가 안 되어 있기 때문이지, 연구를 하면 높은 확률로 항산화 효과가 나타날 것이다.

항산화 효과가 꼭 좋은 것만도 아니다. 최근엔 지나친 항산화제의 섭취가 오히려 건강에 나쁠 수 있다는 주장도 있다. 반응성 산소종은 주로 세포내 미토콘드리아에서 만들어지는데 만일 반응성 산소종이 전혀 만들어지지 않는다면 심각한 문제가 일어난다. 때로는 반응성 산소종이 몸 안에 침투한 균이나 바이러스를 퇴치하는 역할을 감당하기도 하고 독성 물질을 약화시키기도 한다. 그러니까 적당한 양의 반응성 산소종은 우리의 생존에 필요하다.

항산화 효과와 더불어 많이 쓰이는 면역력 증강 효과도 매우 애매한 개념이다. 아마 과학적으로 가장 오남용되는 개념 중 하나가 바로 이 면역력이라는 단어가 아닐까 싶다.[9] 서점에 가면 면역으로 암을 고치고, 면역으로 성인병을 고치고, 면역으로 모든 질병을 고친다는 류의 책들이 무더기로 나와 있다. 하지만 많은 책들이 내용을 지나치게 과장하거나 단순화했다. 특히 많은 일본식 건강 정보서들을 보면 군이 돈을 저 책을 사는 데 쓸 필요가 있나 싶다.

면역이란 생체 내에서 자신과 비자신을 구별하고 외부에서 들어온 이물질을 인식하여 제거하는 일련의 반응을 뜻한다. 이때 외부에서 들어온 이물질·세균·바이러스 등을 항원이라고 하며, 면역은 이를 제거하기 위해 수많은 종류의 백혈구 세포와 단백질이 관여하는 매우 복잡한 과정이다. 면역을 크게 자연면역과 획득면역으로 나누고 획득면역은 다시 체액성 면역과 세포성 면역으로 나누는데 그 각각의 면역에는 매우 다양한 면역 세포(T세포, B세포 등)와 단백질들(항체, 사이토카인 등등)이 관여한다. 우리에게 익숙한 백신은 면역 가운데서 특정 항원에 특이적인 항체를 이용하여 바이러스나 세균의 침입에 대항하는 방법이다. 우리 몸에서는 이 외에도 매우 다양한 면역 반응이 일어난다.

그러므로 면역력의 증강을 정량적으로 이야기하기란 쉽지 않다. 보통 '면역력 증강'이라고 하면 면역에 관여하는 백혈구 세포들의 증가, 면역세포가 분비하는 단백질인 인터페론이나 인터류킨 같은 사이토카인의 활성 증가, 항체인 이뮤노글로불린[Ig] 등의 증가, 자연살해세포(NK세포) 활성 증가 등을 뜻한다. 그렇지만 외부에서 나쁜 병균이 침입해도 이런 활성들은 증가된다.

기억력이 좋은 사람들은 지난 메르스 사태 때 뉴스에 등장했던 '사이토카인 폭풍'[cytokine storm 10]이라는 말을 기억할 것이다. 젊고 면역력 좋은 사람들이 메르스바이러스에 감염되면 체내 면역작용에 의해 사이토카인의 급증 현상이 생기는데 이 때문에 문제가 더 심각해질 수 있다는 뉴스였다. 그러므로 사이토카인의 증가가 무조건 좋은 것도 아니다.

면역력을 높여준다는 음식들은 항산화 작용을 한다는 음식들과 대동소이하다. 사실 식사만 제대로 해도 면역력은 올라간다. 아울러 충분한 휴식, 충분한 잠, 그리고 스트레스 없는 생활 역시 면역력 증강의 한 요인이다. 어떤 음식이 면역력을 높여준다거나 항산화 활성이 있다는 것은 정도 차이에 불과하며 양과 질을 따져봐야 하는 문제이지, 몇몇 식품의 특별한 능력이라고 보기는 어렵다.

사탕을 많이 먹은 사람이 오래 산다?

지난 1998년에 재미있는 논문이 무려 하버드 의대 연구진에 의해 보고된 적이 있다. 이른바 사탕을 먹은 사람이 오래 산다는 논문[11]이다. 연구진은 1916부터 1950년까지 하버드 대학에 입학한 사람들 가운데서 심혈관 질환이나 암 병력이 없으며 1988년도 건강조사에 응했던 7,841명을 대상으로 식습관과 수명의 관계를 추적 조사했다. 흥미로운 것은 1988년 건강 조사에서 캔디(사탕·초콜릿 등)를 전혀 먹지 않는다고 응답한 사람과 캔디를 먹는다고 응답한 사람들을 비교한 결과 캔디를 먹는 사람의 수명이 전혀 먹지 않는다고 응답한 사람보다 약 0.92년 더 길었다는 것이다.

사실일까? 과연 캔디를 먹으면 오래 산다고 말할 수 있을까? 이런 연구 결과가 발표되면 이 결과를 단정적 명제로서 받아들이지 말고 주의 깊게 그 내용을 들여다봐야 한다. 특히 인과관계인지 상관관계인지를 잘 따져보는 것이 좋다. 하지만 많은 경우 인과관계와 상관관계가 명확하지 않다.

이 논문을 잘 들여다보면 캔디를 먹느냐 안 먹느냐로 나누면 먹는 사람들의 수명이 약간 더 긴 것으로 나왔지만 사탕을 가장 많이 먹은 그룹과 사탕을 전혀 먹지 않은 그룹의 기대 수명은 같았다. 그리고 사탕을 먹지 않는 사람들은 담배를 약간 더 피우고 술도 조금 더 마시는 것으로 조사되었다. 그래서 그 논문은 "중용이 최고다"Moderation seems to be paramount. 라는 문장으로 끝난다.

비슷한 예로 아카데미상 후보와 수상자 중에 누가 더 오래 사는가에 대한 논문도 있다.[12] 답을 모르는 상태에서 생각을 해보자. 만일 아카데미 수상자가 더 오래 산다면 성취감과 수상 이후의 경제적 보상 등이 영향을 주었을 것이라는 해석이 가능하고, 상을 못 받은 후보가 더 오래 산다면 상을 받기 위해 자만하지 않고 더욱 노력하는 삶을 살았기 때문일 것이라는 식의 해석이 가능할 것이다. 이런 해석은 개연성이 없진 않지만 그렇다고 확정적인 원인도 아니다. 때로는 답에다 원인을 끼워맞추는 합리화가 가능하다. 식품에 대한 연구도 이런 식의 해석을 하는 경우가 많다. 참, 위 논문에 따르면 아카데미상 수상자의 기대 수명이 후보에 그친 사람보다 3.9년 더 길다고 한다.

위에서 언급한 사탕과 수명에 관한 논문에 사용된 방식의 연구를 역학(疫學, epidemiology)이라고 한다. 역학은 어떤 요인들에 의해 인간집단 내에서 발생하는 질병의 빈도와 분포가 결정되는지 연구하는 학문이다.[13] 역학에는 운동역학, 환경역학, 유전역학 등 여러 가지 분야가 있는데 그 한 분야가 영양역학(nutritional epidemiology)이다. 영양역학은 집단에서 질병 발생 및 빈도의 영양적 결정 인자, 인구 집단의 영양 상태 분포와 결정 인자에 대해 연구하는 학문이다. 이러한 역학적 분석은 특정 식품 또는 그 속의 성분들이 건강에 어떤 영향을 주는지 알아보는 가장 중요한 방법이라고 할 수 있다.

분자 수준에서 고추의 캡사이신은 지방 분해를 돕는다. 그래서 고추를 다이어트 음식이라고 하는 사람들이 있다. 살 빼려면 매운 음식을 먹으라고도 한다. 하지만 분당서울대병원의 노인 900명을 대상으로 조사한 결과에서는 매운 음식을 좋아하는 사람들의 비만도가 가장 높았고 그다음은 단 음식과 기름진 음식 순이었다.[14] 매운 맛이 음식을 더 많이 먹게 만들기 때문일 것으로 생각된다. 이렇듯 마이크로한 과학과 매크로한 역학이 언제나 일치하진 않기에 역학은 중요하다.

중요한 역학의 연구 방법들을 앞서 예를 들었던 김치의 항암작용으로 설명해보자. 만일 김치가 시험관 실험에서 암세포를 죽이고 동물실험에서도 효과가 있었다면 임상시험(Clinical Trial)에 들어

가게 된다. 암환자에게 김치를 투여하고 병세가 호전되는지 보는 것이다. 임상시험은 모두 4단계를 거치게 되는데 대개 몇년이 소요되는 지난한 과정이다. 이를 무사히 통과하고 모두 효과가 있는 것으로 나온다면 김치는 암치료제가 되지 식품이라고 볼 수 없다. 하지만 대부분의 식품은 그 정도의 효능이 없기에 치료 효과보다는 예방 효과를 이야기한다. 예방 효과를 역학적으로 입증하는 방법은 아래와 같다.

1) 증례-대조군 연구(Case-control study)

증례-대조군 연구는 글자 그대로 질환의 증례case 와 대조군control을 놓고 서로를 비교하는 것을 뜻한다. 김치와 암의 예를 계속 들자면 암에 걸린 사람들case 과 걸리지 않은 사람들control 을 대상으로 김치를 얼마나 먹었나를 비교해보는 방식이다. 주로 과거의 경험이나 사례에 근거하는 경우가 많기 때문에 증례-대조군 연구는 후향적retrospective 또는 관찰적 연구라고 부른다.

2) 코호트 연구(Cohort study)

코호트 연구는 위험인자의 유무를 먼저 조사하고 시간이 경과한 후에 증상이 나타난 사람들로부터 그 위험인자와의 연관성을 연구하는 방식이다. 예를 들자면 대학 입학생들을 대상으로 김치를 얼마나 섭취하는지 조사한 다음 몇십년 지난 나중에 암에 걸린 빈도를 조사해서 차이가 있는지 확인하는 것이다. 보통 코호트 연구는 전향적prospective 이다.

3) 무작위 대조군 시험(Randomized Controlled Trial, RCT)

증례-대조군 연구나 코호트 연구는 모두 조사나 관찰에 의한 연구지만 무작위 대조군 시험은 실험 대상을 무작위로 실험군과 대조군으로 나눈 후에 전향적으로 그 경과를 추적하여 효과를 비교하는 방법이다. 예를 들어, 비슷한 조건의 지원자 200명을 모은 후 김치를 먹인 실험군 100명과 김치 대신 위약을 먹인 대조군 100명을 놓고 암 발생에서 차이가 있나 보는 방식이다. 물론 김치와 암 예방 같은 연구는 단기간에 끝낼 수 없기 때문에 무작위 대조군 시험을 수행하기는 어렵다. 이때 중요한 것은 실험자나 대상자 모두 자기가 하고 있는 것이 어떤 것인지 모르는 이중맹검법double blind test으로 해야 한다는 것이다. 보통 실험대상자인 실험군과 대조군만 자기가 먹는 것이 뭔지 모르게 테스트하면 된다고 생각하기 쉽지만 실제는 그걸 주는 사람도 자기가 주는 것이 뭔지 모르는 채 주어야 올바른 이중맹검법이 된다. 그래야 연구자에 의한 편향도 생기지 않고 피시험자도 연구자의 태도나 표정 등을 보고 눈치를 채는 일이 없어진다.

노벨상을 두번이나 받은 라이너스 폴링Linus Pauling 박사는 고용량 비타민 요법(메가도스 요법)의 신봉자로, 비타민C가 말기 암 환자에게 효과가 있다고 발표한 적이 있다.[15] 100명의 말기암 환자에게 고용량 비타민을 먹인 후 일반적 말기암 환자의 사망 시점과 비교하여 생존기간이 4배 이상 더 길다고 주장한 것이다. 하지만 이 실험은 대조군 없이 통계치와 비교한 실험이었고 나중에 위약을 먹인 대조군을 추가한 결과 효과가 없는 것으로 판명되었다. 그만큼 대조군은 중요하다.

4) 메타분석(Meta analysis)

예술 분야에서 비평을 비평하는 것을 메타비평이라고 하듯이 논문을 가지고 논문을 분석하는 방법을 메타분석이라고 한다. 즉 비슷한 주제에 관한 논문들을 모아서 분석하는 작업이다. 일반적인 논문들은 비용과 시간 등 여러가지 한계로 인해 시험 대상자의 수가 적은 경우가 대부분이다. 좀더 정확하고 통계적으로 유의미한 연구를 하려면 대상자 규모가 커야 하지만, 개별 연구로는 수천명 수만명 수준의 연구가 불가능하므로 비슷한 연구들을 모아서 분석하는 것이다. 예를 들어 김치와 암에 관한 코호트 연구 결과들만 모아서 분석하거나 무작위 대조군 시험만 모아서 분석하는 방식이다. 하지만 이런 연구 결과들이 충분히 모이려면 오랜 시간이 필요하다. 선행 연구가 많다고 하더라도 그 수준이 일정하지 않으니, 신뢰도 높은 데이터를 모으는 것이 중요하다. 신뢰도가 높은 데이터를 확보했더라도 연구 범위를 어디까지로 정하느냐에 따라 결과가 달라지기도 한다.

역학적 연구의 한계

이러한 역학적 방법을 가지고 식품의 효능을 명확하게 증명하는 것은 매우 어렵다. 질병의 치료나 증세 호전 효과라면 몰라도 장기간에 걸친 예방 효과는 무작위 대조군 연구로는 거의 불가능하다. 무작위 대조군 연구를 한다고 하더라도 대조군을 어떻게 설정하느냐도 문제다.

관찰 연구의 경우는 정확한 식습관과 섭취량 등 설문조사가 매우 중요한 비중을 차지하는데 사람들의 기억은 부정확한 경우가 매우 많다. 정보적 편견과 선입견도 작용한다. 나쁜 음식은 실제보다 적게 먹었다고 하고 좋은 음식은 많이 먹었다고 할 가능성도 있다. 심리적인 영향도 많이 받는다. 자기 아이가 설탕을 먹었다고 생각하면 실제로는 아이가 설탕을 먹지 않았음에도 불구하고 과잉행동을 보인다고 평가하는 부모들이 많다는 연구 결과도 있다.[16]

혼란 변수confounding factors도 중요한 문제다.[17] 예를 들어 김치를 먹은 그룹이 암 발생 비율이 낮았다는 연구 결과가 나왔더라도 그 두 그룹의 문화적 차이, 경제력, 운동량, 흡연, 음주, 비만, 유전자 등등이 동일하지 않을 수 있다. 또한 그 결과가 김치 때문인지 김치 속 배추나 향신료 성분 때문인지, 발효의 효과인지도 불명확하다. 미국에서는 가난한 사람들의 비만도가 부자들보다 더 높은데 다른 나라에서는 비만도와 빈부 수준이 큰 상관관계를 보이지 않을 수 있다. 아울러 사람들은 하나가 아니라 다양한 식품을 섭취하고 있고, 식품의 성분을 정확히 통제하기란 어려운 일이다. 어떤 영양소들은 서로 밀접하게 연관되어 있기 때문에 각각의 영향을 평가하는 것도 어렵다. 이렇듯 식품 연구에서는 여러가지

변수가 중첩되어 있다.

여러 연구를 종합한 메타분석은 충분히 신뢰할 수 있을까? 물론 증거 수준에 있어서 메타분석은 다른 분석법보다 상위에 있기에 결코 함부로 무시해서는 안 된다. 하지만 식품의 메타분석 결과는 의약품의 경우처럼 명확하지 않다는 것을 염두에 두어야 한다. 의약품의 성분은 식품으로 섭취할 가능성이 적지만, 비타민이나 오메가3 지방산 등은 다른 식품으로 섭취가 가능하므로 비타민이나 오메가3 보충제를 먹느냐 먹지 않느냐가 얼마나 먹느냐와 정확히 일치하지 않을 수 있다. 정확한 통제가 어렵고 다른 식품에 의한 간섭이 발생할 수 있는 것이다.

다음은 최근 보도된 기사의 내용이다. "2012년 5월 『미국의학협회지 내과』JAMA Internal Medicine에 명승권 국제암대학원대 교수의 메타분석 결과가 실렸다. 명 교수는 1995년부터 2010년까지 국제학술지에 발표된 오메가3 보충제 효과에 대한 임상시험 결과들을 종합 분석했다. 임상시험 대상은 심혈관 질환을 앓은 적이 있는 사람들로 모두 2만 485명에 달했다. 분석 결과 EPA와 DHA 같은 오메가3 보충제를 먹어도 돌연심장사, 울혈성 심부전, 뇌졸중 등 심혈관질환 발생이나 사망 가능성이 낮아지지 않은 것으로 나타났다."[18]

이 논문은 일반인이 아닌 '심혈관 질환 환자'가 오메가3 지방산 보충제를 먹었을 때 심혈관 질환 예방 효과가 있는지를 알아본 것이다. 또한 명승권 교수를 포함한 저자들은 논문에서 증거가 '없다'고 하지 않았으며 증거가 '부족하다'고 밝혔다. 그러니

이 논문을 가지고 '모든 사람에게서' 오메가3 지방산의 효과가 없다는 결론을 내릴 수는 없다. 게다가 이 논문은 출간된 직후 중요한 임상시험 결과를 무시했다며 이례적으로 코멘트와 반론이 계속 나왔다.[19] 하지만 이 연구 내용이 언론에선 이렇게 보도된다. "국제적으로 권위를 인정받는 의학 학술지들에 실린 '메타분석' 결과는 '불편한 진실'을 드러낸다. 비타민제, 오메가3 보충제 등 많은 건강기능식품이 '건강에 도움이 되지 않는다'는 것이다."[20]

대부분의 메타분석 결과는 "건강에 도움이 되지 않는다"라는 식으로 지나치게 포괄적이거나 단정적으로 내려지지 않는다. 대체로 결론은 '사망률을 낮춰주지 않는다' '감기나 심혈관계 질환이나 암에 걸릴 확률을 낮춰주지 않는다' '낮춰준다는 증거가 부족하다'라는 식으로 진술된다. 비타민과 관련해서 화제가 되었던 명승권 박사의 논문 제목은 '비타민과 항산화제의 심혈관 질환 예방 효과'[21]이고 결론은 "그렇다고 볼 증거가 없다"이다. 건강에 도움이 되지 않는다거나 건강에 도움을 주지 않는다는 증거를 찾았다는 것은 아니다. 비슷해 보이지만 분명히 다른 진술이다. 이는 명승권 교수의 논문을 책잡거나 의미를 깎기 위해 언급하는 것이 아니다. 그의 논문들은 권위 있는 학술지에 게재되었으며, 훌륭한 결과물이다. 다만 과학적으로 분석한 결과를 대중에게 전할 때 정확하게 전달해야 한다는 것이다.

앞서 말했듯이 식품 성분은 간섭이 심해서 의약품처럼 메타분석을 하는 데 근본적인 어려움이 있고 수많은 사람을 잘 컨트롤해서 실험하기가 매우 어렵다. 비타민을 예로 들면 비타민제를 먹지 않아도 식품으로 먹는 사람들이 많고 그 양도 다 다르다. 게다가 비타민제를 챙겨 먹는 사람들은 이미 허약한 사람들일 수도 있다.

식품 연구 결과, 얼마나 신뢰할 것인가?

다시 한번 강조하지만 식품에 대한 메타분석이나 영양역학 연구 결과를 무시하자고 말하는 것은 결코 아니다. 자기 입맛에 맞게 취사선택할 일도 아니다. 기능성에 대한 연구나 식품 독성에 대한 연구도 마찬가지다. 학자들이 그 학문 분야의 엄밀한 방법으로 수행한 연구를 함부로 무시해서는 안 된다. 반대로, 제한적인 연구 결과를 홍보의 목적으로 과장되게 알려서도 안 된다. 어떤 연구 결과가 나오더라도 기본적으로 염두에 두어야 할 것들이 있다.

첫째로 식품은 대체로 안전하다는 것이다. 위생적으로 가공 및 조리된다면 말이다. 인류가 오랜 기간 섭취해온 식품은 역사를 통해 안전성을 검증받았다고 봐야 한다. 한가지 종류만 편식하지 않는다면 크게 걱정할 필요가 없으며, 언론의 기사나 논문 하나 때문에 일희일비할 이유도 없다. 나쁜 식품이 문제가 아니라 비위생적으로 만든 식품이 문제다.

식품 위생이 중요해지고 정밀한 과학이 발달하면서 식품의 제조 조건은 점점 까다로워지고 있다. 이에 발맞춰 세계 각국 정부에서는 해썹 인증 제도를 도입하는 추세다. 해썹 HACCP, Hazard Analysis and Critical Control Points 이란 다른 말로 '위해요소 중점 관리 기준'이라고도 하는데 "식품의 원료관리 및 제조·가공·조리·유통의 모든 과정에서 위해한 물질이 식품에 섞이거나 식품이 오염되는 것을 방지하기 위하여 각 과정의 위해 요소를 확인·평가하여 중점적으로 관리하는 과학적인 선진식품 관리제도"[22]를 뜻한다. 쉽게 말하자면 식품 원재료 구입부터 생산까지의 모든 과정에서 위험 요소를 제거하고 관리하는 제도인 것이다.

우리나라에서 해썹 인증은 연매출액 20억원 이상이면서 종업원 수가 51인 이상인 업체를 대상으로 2006년 12월 처음 시행된 이후 계속 범위가 확대되어, 현재는 7종의 주요 식품(어육가공품 중 어묵류, 냉동수산식품 중 어류·연체류, 조미가공품, 냉동식품 중 피자류, 만두류, 면류, 빙과류, 비가열음료, 레토르트 식품, 김치류)에 대해 연매출액 1억원 미만 또는 종업원 수가 5인 이하인 소규모 업체까지 해썹 인증을 실시하도록 하고 있다. 의무 적용 대상이 아니더라도 대기업 납품이나 주문자 생산을 하기 위해 해썹 인증을 요구하는 경우도 늘고 있다. 해썹 인증을 받은 업체가 그 기준을 제대로 지키지 않고 무인증 작업장에서 작업을 하거나 편법으로 제조하다 적발되는 사례가 가끔 보도되기도 한다. 그러한 일부 위반 사건을 놓고 해썹 해봐야 소용 없다느니 하는 소리를 하는 것은 어리석다. 모든 제도에는 제도가 정착할 수 있는 시간이 필요한 법이다. 오히려 모든 업체들이 그 기준에 잘 맞추어 안전한 식품을 생산할 수 있도록 사회 분위기를 만들어가는 것이 중요하다.

두번째로 생각해야 하는 것은 위해 성분의 유무보다 섭취량이 중요하다는 점이다. 뭔가가 해롭다고 한다면 얼마나 노출되었을 때 그러한가를 잘 따져봐야 한다. 이 세상에 100% 좋거나 나쁜 것은 거의 없다. 산소가 없으면 살 수 없지만 100% 산소는 독성이 있다. 반대로 아주 미량의 위험 요인은 어디에나 있다. 지나친 자외선은 해롭지만 자외선을 쬐지 않으면 비타민D가 합성되지 않아 역시 해롭다.

우리는 아직 모르는 것이 많다. 그리고 현실은 언제나 이론보다 풍부하다. 극히 드물지만 황우석 사태 때 유명해진 처녀 생식이나 쌍둥이의 아빠가 서로 다른 '이부異父 동시 복임신'heteropaternal superfecundation 같은 희귀한 현상도 일어날 수 있다. 그런 시각으로만 본다면 갑자기 어떤 식품이 치명적으로 나쁘다는 증거가 발견될지도 모른다. 그리고 이를 걱정하고 염려하는 것이 당연하게 느껴질 수도 있다. 하지만 100% 불가능하진 않더라도 그럴 확률은 지극히 낮으니 지나친 걱정은 금물이다. 위해성이든 기능성이든 식품에 대한 연구 결과는 대부분 살짝 주의하는 정도에서 받아들이면 된다.

건강한 삶을 위하여:
불신은 영혼을 잠식한다

불신은 비용을 증가시킨다

프랜시스 후쿠야마Francis Fukuyama라는 사람이 있다. 미국 우파 네오콘의 사상가로 불리기 때문에 그를 싫어하는 사람도 꽤 많지만 그의 반대자들도 그의 책 『트러스트』는 자주 인용한다. 『트러스트』의 내용을 한줄로 요약한다면 다음과 같이 표현할 수 있을 것이다. "불신은 비용을 증가시킨다." 후쿠야마 교수는 『트러스트』에 여러 나라들을 신용도에 따라 분류해놓았는데 그 데이터가 엄밀하지 못하다는 비판은 있지만 불신이 비용을 증가시킨다는 것 자체를 부정하는 사람은 거의 없다.

최근엔 좀 바뀌었지만 대학 교수직에 지원해본 사람들은 불신으로 인한 비용을 지불한 경험이 많을 것이다. 보통 외국의 대학에 지원할 경우에는 이력서와 연구계획서, 추천서 정도면 지원이

가능하다. 하지만 우리나라 대학에 지원하려면 논문의 리스트가 아니라 논문을 내야 한다. 조금 심한 곳은 논문 PDF 파일이 아닌 별쇄본을 제출하라고 한다. 더 심한 곳은 아예 논문 원본, 즉 저널을 통째로 내라고 하는 곳도 있다. 해외에서 지원하는 사람들은 서류를 준비하다가 포기하기도 한다. 구글 학술검색만 눌러보면 모든 것을 다 확인할 수 있는 세상에 왜 이런 번잡한 과정을 거쳐야 할까? 믿을 수 없기 때문이다.

우리나라 사람들이 선어회를 먹지 않는 이유도 횟집에 대한 신뢰가 없기 때문이라는 주장이 있다. 싱싱한 고기임을 증명하기 위해서 횟집은 비싼 돈을 주고 수족관을 설치하고 운영해야 한다. 마찬가지로 고기도 손님이 직접 구워 먹거나 손님 앞에서 구워주어야 한다. 연기가 옷에 배더라도 말이다. 유독 대기업을 좋아하고 프랜차이즈 업소를 선호하는 것에도 중소기업이나 작은 가게를 믿지 못하는 심리가 깔려 있다고 한다.

사회의 수많은 규제들은 이런 불신에서 비롯된다. 믿을 수 없으니까 이중, 삼중의 안전 장치를 만든다. 그러다보니 모두가 피곤하다. 그 규제들이 다 제 역할을 하는 것도 아니다. 오히려 그 규제들로 엉뚱하게 돈을 버는 사람들이 생긴다. 입시제도 개선이 사교육 산업의 신규 사업 확장 효과만 주는 꼴이다.

규제는 나쁜 것이니 무조건 규제를 풀자는 이야기를 하려는 것은 아니다. 보다 자유롭고 공평하고 정의로운 사회를 유지하기 위해서 필요한 규제가 있다. 하지만 우리가 품고 있는 불신이 정당한 불신인지, 그 불신으로 인해서 헛되이 지불되는 비용은 없는지 따져보아야 한다.

식품에 대한 과도한 불신은 정당한가?

대학 시절 학생식당의 설렁탕 고기 맛이 이상하다고 그 귀한 고기를 남기던 친구들이 있었다. 닥치는 대로 먹는 것이 특기였던 나는 친구들이 남긴 그 고기들을 다 먹어 치우곤 했다. 어느날 9시 뉴스에 우리 학교 학생식당에서 썩은 쇠고기(아마도 유통기한을 오래 넘긴 쇠고기였던 것으로 기억한다)를 사용하다가 적발되었다는 소식이 나왔다. 당시 학생식당을 담당하던 영양사는 학생 총회에 나와서 눈물을 흘리며 사과와 변명을 늘어놓았다.

이런 사건이 드문 것도 아니다. 원산지를 속이고 유통기한 지난 재료로 식품을 제조해서 유통한 사람들이 여전히 언론에 오르내린다. 너무나 비위생적인 환경에서 음식을 만드는 식당도 있다. 이웃 나라의 이야기지만 멜라민이 들어간 분유를 먹고 아기들이 사망한 일이 있다. 석고를 갈아 두부를 만들고, 알긴산으로 달걀을 만들더니 이제 종이로 쌀까지 만든다고 한다. 이런 뉴스들을 모르면 몰라도, 알면서도 무시하기는 쉽지 않다. 그래서 식품에 대한 불신은 중산층 이상 고학력자들에게서 더 심하다.

몇년 전부터 이런 불신이 조금 이상한 방향으로 흐르기 시작했다. 식품의 불법적인 제조가 아니라 아예 식품과 첨가물 그 자체를 문제시하기 시작한 것이다. 유기용매 추출법으로 제조한 식용

유도 나쁘고, 화학 응고제로 만든 두부도 나쁘고, 산-염기 박피법을 사용한 과일 통조림도 나쁘고, 아질산나트륨이 첨가된 햄도 나쁘고, 유화제가 들어간 커피 크림도, 아황산이 들어간 와인도, 인공감미료가 들어간 다이어트 음료도, 설탕이 들어간 탄산음료도 모두 모두 나쁘다는 식이다.

하지만 유기용매 추출이 아니라 압착법으로 짠 기름은 불순물이 많아 튀김용으로 쓰기 어렵다. 모 치킨 업체가 사람들이 몸에 좋다고 생각하는 엑스트라버진 올리브유로 닭을 튀긴다고 했다가 논란이 일자 정제한 올리브유를 쓴다고 해명했다. 엑스트라버진 올리브유는 튀김에는 적합하지 않다. 두부 제조에 화학 응고제를 쓰면 유해하고 천연 간수가 좋다고 착각하지만, 간수는 중금속 오염 가능성이 있기 때문에 그대로 두부에 사용하지 못한다. 어차피 정제해서 써야 하고 화학응고제와 성분에서 크게 다르지 않다. 과일 통조림을 만들 때 강산인 염산으로 과일 껍질을 까지만 이후에 중화시키면 그 성분은 남지 않는다. 위의 모든 가공 방법과 첨가물들은 엄격한 규정에 따르는 것들이다. 규정이 정확히 집행되는지를 감시하는 일은 중요하지만, 식품 자체를 불신하면 곤란하다. 비위생적인 식품은 있어도 근본적으로 불안한 식품은 거의 없다. 나쁜 식품이 문제가 아니라 비위생적으로 만든 식품이 문제다.

불안과 불신이 지배하는 한국 사회

한국 사회는 불안이 지배한다. 학생이 공부해야 하는 이유는 꿈을 이루거나 하고 싶은 일이 있어서가 아니다. 부모와 사회가 '저런 사람'처럼 되지 말라고 하기 때문이다. 여기서 '저런 사람'이란 사회적 약자를 뜻한다. 겁을 주어서 공부를 시키는 것이다. 그러니 공부를 잘하는 아이도 뭔가가 되고 싶어하기보다 사회적으로 인정받는 '좋은 직업'을 원한다. 하지만 좋은 직업을 얻어보면 알게 된다. 때로는 그게 나랑 잘 맞지 않는다는 것을.

때때로 이 사회의 부조리는 북한의 위협이나 도발 한번에 뒷전으로 밀려난다. 마음 깊숙이에 남은 전쟁에 대한 트라우마와 불안은 대를 이어 세습되기도 한다. 괜찮은 전국민 의료보험 시스템이 있지만 노후가 걱정되는 것도 마찬가지다. 그래서 '묻지도 따지지도 않고' 도와주는 보험 몇개는 갖고 있어야 마음이 편하다. 혹시라도 늙어서 자식을 고생시킬까봐 불안하다. 누군가에게 뒤처져도 불안하다. 어떻게든 '빨리빨리' 뒤처지지 말고 따라가고 앞서가야 한다. '빨리빨리'는 가장 유명한 한국어가 되었다. 일종의 신경증이 아닐까 싶다.

여기에 더해 '건강염려증'이라는 것이 있다. 실제로 그렇지 않음에도 자기 혼자 어떤 질병에 걸렸다고 믿거나 걸릴 거라고 믿으며 과도하게 염려하는 증상을 말한다. 의학적으로는 이런 증상이 6개월 이상 지속되면 건강염려증이라고 한다는데, 심하지는 않아도 건강에 대해 과민한 사람들이 있다.

불안과 불신이 지배하는 우리 사회를 어떻게 바꿔야 할지는 잘 모르겠다. 하지만 분명한 것 한가지는 말할 수 있다. 우리가 먹는 식품은 당신이 생각하는 것만큼 위험하지 않다. 좋고 나쁘고에 민감하게 반응하기보다는 편하고 즐겁게 즐기는 것이 좋다. 수차례 강조했듯이, 식품은 약이 아니다. 좋아하는 음식을 즐거운 마음으로 골고루, 적당히 먹는다면 우리는 건강해진다. 우리 몸은 생각보다 강하다.

즐겁게 먹고 건강하게

건강은 몸에만 국한된 문제가 아니다. "건강한 신체에 건전한 정신"A sound mind in a sound body. 이라는 말처럼 몸과 마음은 둘 다 중요하다. 특히 자녀를 위한다면 식품보다 정신의 건강에 신경 써야 한다. 좋은 것을 먹인다고 행복한 아이가 되지 않는다. 웬만하면 먹는 것은 이미 충분하다. 내 아이에게 가장 좋은 것만 해주고 싶은 마음을 이해하지 못하는 것은 아니다. 하지만 엉터리 식품 정보가 횡행하는 곳 가운데 하나가 인터넷 육아 카페라는 사실은 조금 진지하게 생각해봐야 한다. 주로 그런 곳에서 좋은 음식, 필요한 음식이라며 기능성을 과장하거나 특정 제품의 홍보를 위해 경쟁 제품에 대한 악선전을 유포하는 일이 일어난다. 자녀의 건강한 삶을 위한다면 무엇을 먹이느냐를 고민하기보다 어떻게 먹일까를 고민하고 가르치는 것이 낫다. 이건 나쁘고 저건 좋다고 하는 것보다 절제와 감사의 미덕을 알려주는 편이 낫다. 함께 밥을 먹으며 사랑과 정을 나누면 더 좋다. 작은 것 하나에도 감사하면서 먹는 아이를 키운다면 그 자체가 성공일지도 모른다.

어떤 식품이 좋다, 어떤 식품이 나쁘다는 말에 휘둘리지 말고 가장 간단하고 쉬운 원칙들을 생각해보자. 그 원칙에 따라, 먹는 것이 우리를 지배하지 못하게 하고 우리가 먹는 것을 지배하면 된다. '영양소가 고른 식사를 규칙적으로 하고 적당한 운동을 하는 것이 좋다'라는 원칙 말이다. 불로초가 발견되지 않는 이상 어떤 특정한 음식을 먹는 것이 당신의 건강을 획기적으로 개선하거나 병을 치료해줄 수는 없다. 가족력, 개인적인 유전형, 특정한 건강 상태에 따라서는 전문가의 조언을 구하되, 특정 식품에 대한 과도한 불신과 정죄는 지양해야 한다. 인생의 비밀은 때로 가장 단순한 곳에 숨어 있다. 걱정과 불신이 아니라, 즐겁고 가벼운 마음이 당신을 건강한 삶으로 이끌 것이다.

서론 악당 식품 만들기

1 이영미 외 「비만도에 따른 대학생의 혼자 식사 및 함께하는 식사 시의 식행동 비교」, 『대한지역사회영양학회지』 17권 3호, 2012, 280~89면.

2 스티브 왕겐 『밀가루만 끊어도 100가지 병을 막을 수 있다』, 박지훈 옮김, 끌레마 2012.

3 윌리엄 더프티 『슈거 블루스』, 이지연·최광민 옮김, 북라인 2002.

4 Sarah Catherine Walpole, et al. "The weight of nations: an estimation of adult human biomass," *BMC Public Health* vol.12, no.439, 2012.

5 "Contribution of Carbohydrates in Total Dietary Consumption," ChartsBin.com (http://chartsbin.com/view/1154).

6 Song-Yi Park, et al. "Dietary intakes and health-related behaviours of Korean American women born in the USA and Korea: the Multiethnic Cohort Study," *Public Health Nutrition* vol.8, no.7, 2005.

7 통계청 「2015년 사망원인통계」.

8 Rajiv Chowdhury, et al. "Association of Dietary, Circulating, and Supplement Fatty Acids With Coronary Risk: A Systematic Review and Meta-analysis," *Annals of Internal Medicine* vol.160, no.6, 2014.

9 서홍관 「식품회사는 담배회사만큼 해로운가?」, 경향신문 2015.7.22.

1장 식품은 약이 아니다

1 Diana Cardenas, "Let not thy food be confused with thy medicine: The Hippocratic misquotation," *e-SPEN Journal* vol.8, no.6, 2013.

2 우리나라에서는 흔히 '식의약품'이라고 번역한다.

3 Sang Mi Kwak, et al. "Efficacy of omega-3 fatty acid supplements (eicosapentaenoic acid and docosahexaenoic acid) in the secondary prevention of cardiovascular disease: a meta-analysis of randomized, double-blind, placebo-controlled trials," *Archives of Internal Medicine* vol.172, no.9, 2012.

4 명승권 『비타민제 먼저 끊으셔야겠습니다』 왕의서재 2015 참고.

5 Laura D.K. Thomas, et al. "Ascorbic Acid Supplements and Kidney Stone Incidence Among Men: A Prospective Study," *JAMA Internal Medicine* vol.173, no.5, 2013.

2장 전통음식은 몸에 좋다고?

1 「동의보감에 '투명인간 되는 법'이 나온다고?」 조선일보 2009.8.29.

2 Naoaki Harada, et al. "Administration of capsaicin and isoflavone promotes hair growth by increasing insulin-like growth factor-I production in mice and in humans with alopecia," *Growth Hormone & IGF Research* vol.17, no.5, 2007.

3 최귀헌 외 「유황오리 추출물의 각종 암세포에 대한 생육억제 효과」 『한국축산식품학회지』 22권 4호, 2002 등이 있을 뿐이다.

4 윤석권 외 「옻닭에 의한 전신성 접촉피부염의 역학적 연구」 『대한피부과학회지』 40권 3호, 2002.

5 주영하 『식탁 위의 한국사』 휴머니스트 2013, 76면 및 김기선 「설렁탕, 수라상의 어원 고찰」 『한국식생활문화학회지』 12권 1호, 1997.

6 황교익 「감자탕엔 왜 감자가 없을까」 『시사IN』 223호, 2011.12.30.

7 주영하 『음식전쟁 문화전쟁』 사계절 2000, 58면.

8 송준섭 「우리 조상은 언제부터 흰 쌀밥을 먹게 됐을까」 『과학동아』 2014년 11월호.

9 박찬일, 「돼지고기, 삼겹살 말고도 맛있다」 경향신문 2014.5.22.

10 「바다의 꽃, 소금」 SBS 일요특선 다큐멘터리, 2015.1.18.

11 조미숙 외 「근대 이후 죽의 조리과정 변화 연구: 팥죽, 잣죽, 타락죽을 중심으로」, 「한국식품영양학회지」 24권 4호, 2011.

12 정광호 「잘 알고 있는 것 같지만 잘 모르고 있는 소금 이야기」, 「식품저널」 2014년 3월호 및 손일선 「한국인 식문화에 안 맞는 저나트륨 정책은 수정해야」, 「식품저널뉴스」 2013.9.27.

3장 발암물질은 어디에나 있다

1 Stephen S. Hecht, "Cigarette smoking: cancer risks, carcinogens, and mechanisms," *Langenbeck's Archives of Surgery* vol.391, no.6, 2006.

2 국립암센터 「통계로 보는 우리나라 흡연 현황」, 2016, 6~7면.

3 제임스 콜만 「내츄럴리 데인저러스」, 윤영삼 옮김, 다산초당 2008, 159면.

4 Christopher I. Amos, et al. "Genome-wide association scan of tag SNPs identifies a susceptibility locus for lung cancer at 15q25.1," *Nature Genetics* vol.40, no.5, 2008.

5 The National CJD Research & Surveillance Unit, "Creutzfeldt-Jakob disease in the UK," 2016.10.3.

6 P.J.M. Urwin , et al. "Creutzfeldt-Jakob disease and blood transfusion: updated results of the UK Transfusion Medicine Epidemiology Review Study," *Vox Sanguinis* vol.110, no.4, 2016.

7 최낙언 「당신이 몰랐던 식품의 비밀 33가지」, 경향미디어 2012, 252면.

8 황은선 외 「배추와 양배추 추출물의 생리활성 물질 및 암세포 증식 억제효과 분석」, 「한국식품영양학회지」 25권 2호, 2012.

9 박기범 외 「김치 발효 및 저장조건에 따른 배추김치의 위암세포 성장 억제 효과」, 「한국식품영양학회지」 27권 4호, 2014 및 공창숙 외 「열무김치 및 열무물김치의 발효특성과 in vitro 항암효과」, 「한국식품영양과학회지」 34권 3호, 2005.

10 「된장·김치·우유… 항암식품이 암 일으킨다?」, 「주간조선」 2067호, 2009.8.10.

11 Curt E. Harper, et al. "Resveratrol suppresses prostate cancer progression in transgenic mice," *Carcinogenesis* vol.38, no.9, 2007.

12 Clarissa Gerhäuser, "Beer constituents as potential cancer chemopreventive agents," European Journal of Cancer vol. 41, no.13, 2005.

13 Takizawa Y, Itou R, Yoshida Y, Kudou K. "Effect of Sake extracts on the growth of bacteria and human cell lines," *Yuhobika* vol 58: 437–440, 1994.

14 「막걸리의 항암물질 최초 확인」, 한국식품연구원 보도자료, 2011.4.14.

15 Thomas Prates Ong, et al. "Farnesol and geraniol chemopreventive activities during the initial phases of hepatocarcinogenesis involve similar actions on cell proliferation and DNA damage, but distinct actions on apoptosis, plasma cholesterol and HMGCoA reductase," *Carcinogenesis* vol.27, no.6, 2006.

16 F. Jay Murray, "Does 4-methylimidazole have tumor preventive activity in the rat?" *Food and Chemical Toxicology* vol.49, no.1, 2011.

17 정관선 「사전배려원칙에 관한 공법적 고찰: LMO 리스크 관리를 중심으로」, 「경희법학」 42권 3호, 2007.

18 「위해분석 용어 해설집」 제2판, 식품의약품안전청 2011, 85면.

4장 발효식품은 천사가 아니다

1 「인삼 효능 사람마다 다른 이유는 장내 미생물 때문」, 식품의약품안전처 보도자료, 2010.8.31.

2 Ayelet Sivan, et al. "Commensal Bifidobacterium promotes antitumor immunity and facilitates anti-PD-L1 efficacy," *Science* vol.350, no.6264, 2015.

3 「'장내 세균'이 성격에 영향 미친다」, 서울신문 2015.5.16.

4 Robert A. Koeth, et al. "Intestinal microbiota metabolism of L-carnitine, a nutrient in red meat, promotes atherosclerosis," *Nature Medicine* vol.19, no.5, 2013.

5 「'젖산균 맥주' 제품 회수 '쉬쉬'… 의혹 증폭」, YTN 2009.7.2.

6 강신주 「인간다운 삶을 가로막는 괴물, 냉장고」, 경향신문 2013.7.22.

7 "Royal Society names refrigeration most significant invention in the history of food and drink," The Royal Society, 2012.9.13. (https://royalsociety.org/news/2012/top-20-food-innovations/).

8 Park Boyoung, et al. "Ecological study for refrigerator use, salt, vegetable, and fruit intakes, and gastric cancer," *Cancer Causes & Control* vol.22, no.11, 2011.

9 http://cancerlink.ru/engastric-cancer.html

10 Han Youngshin, et al. "A randomized trial of Lactobacillus plantarum CJLP133 for the treatment of atopic dermatitis," *Pediatric Allergy and Immunology* vol.23, no.7,

2012.

11 Kenneth D. Kochanek, et al. "Deaths: Final Data for 2014," *National Vital Statistics Reports* vol.65, no.4, 2016.

12 「수입산 와인 발암물질 심각」, KBS 뉴스 2007.10.12.

13 Kim Y.K. et al. "Determination of ethyl carbamate in some fermented Korean foods and beverages," *Food Additives and Contaminants* vol.17, no.6, 2000.

14 Kim H.J. et al. "Dietary factors and gastric cancer in Korea: a case-control study," *International Journal of Cancer* vol.97, no.4, 2002.

15 박건영 「된장의 안전성과 암예방 효과」, 『대한암예방학회지』 2권 1호, 1997.

16 「된장·김치·우유… 항암식품이 암 일으킨다?」, 주간조선 2067호, 2009.08.10.

17 "Cancer: A Clue from Under the Eaves," *Time* vol.93, no.19, 1969.5.9.

18 Jayne E. Stratton, et al. "Biogenic amines in cheese and other fermented foods: A review," *Journal of Food Protection* vol.54, no.6, 1990.

5장 천연은 안전하지 않다

1 레이첼 카슨 『침묵의 봄』, 에코리브르 2011, 143~48면.

2 J.M. Price, et al. "Bladder tumors in rats fed cyclohexylamine or high doses of a mixture of cyclamate and saccharin," *Science* vol.167, no.3921, 1970.

3 John W. Olney, et al. "Increasing brain tumor rates: is there a link to aspartame?" *Journal of Neuropathology and Experimental Neurology* vol.55, no.11, 1996.

4 Aaron E. Carroll, "The Evidence Supports Artificial Sweeteners Over Sugar," *New York Times* 2015.7.27.

5 Morando Soffritti, et al. "Aspartame induces lymphomas and leukaemias in rats," *European Journal of Oncology* vol.10, no.2, 2005.

6 John W. Olney "Brain lesions, obesity, and other disturbances in mice treated with monosodium glutamate," *Science* vol.164, no.3880, 1969.

7 최낙언·노중섭 『감칠맛과 MSG 이야기』, 리북 2013, 162면.

8 러셀 L. 블레이록 『죽음을 부르는 맛의 유혹: 우리의 뇌를 공격하는 흥분독소』, 강민재 옮김, 에코리브르 2013.

9 Richard A. Hawkins, "The blood-brain barrier and glutamate," *American Journal of Clinical Nutrition* vol.90, no.3, 2009.

10 「임지호 "미치광이 풀 먹고 하루 종일 웃은 적 있다"」, MBN 뉴스 2013.7.9.

11 「잘 먹으면 약초, 잘못 먹으면 독초」, SBS 뉴스 2015.5.20.

12 「가을철 산행, 야생 독버섯 섭취 주의!」, 식품의약품안전처 보도자료, 2012.9.17.

13 윤덕노 「도요토미 히데요시의 금식령 이후 300년간 복어 못 먹은 일본」, 조선일보 2014.2.6.

14 "Laetrile/Amygdalin," National Cancer Institute(https://www.cancer.gov/about-cancer/treatment/cam/patient/laetrile-pdq).

15 I. Antice Evans, et al. "The possible human hazard of the naturally occurring bracken carcinogen," *Biochemical Journal* vol.124, no.2, 1971.

16 천관율 「얼터너티브 중독」, 「시사IN」 397호, 2015.4.29.

17 김성훈·김종철 대담 「아무도 알려주지 않는, 목숨 달린 얘기」, 「녹색평론」 2014년 9·10월호.

18 「노벨상 수상자 100여명 "GMO 반대 운동, 근거 없다"」 한국일보 2016.6.30.

6장 다이어트는 식이요법이다

1 예병일 「'비만'은 인간의 자연스런 진화」, 사이언스타임즈 2010.5.17.

2 「국내 2조원 규모 다이어트 시장, 전문성으로 공략하라」, 머니투데이 2014.7.2.

3 「내가 뚱보? 한국 '비만 기준' 적정합니까」, 조선일보 2016.10.1.

4 Jeffrey I. Gordon, et al. "An obesity-associated gut microbiome with increased capacity for energy harvest," *Nature* vol.444, no.7122.

5 Claire Suddath, "Why Are Southerners So Fat?" *Time* 2009.7.9.

6 「햄버거 식사 24일… 건강 '적신호'」, 오마이뉴스 2004.11.11.

7 「'맥도날드 다이어트' 美 여성 90일 만에 16kg 감량」, 연합뉴스 2005.8.12.

8 「어느 과학교사의 '맥도날드 다이어트'… 17kg 감량」, 경향신문 2014.1.8.

9 Susan E. Swithers, et al. "Experience with the high-intensity sweetener saccharin impairs glucose homeostasis and GLP-1 release in rats," *Behavioural Brain Research* vol.233, no.1, 2012

10 Rebecca J. Brown, et al. "Ingestion of diet soda before a glucose load augments glucagon-like peptide-1 secretion," *Diabetes Care* vol.32, no.12, 2009.

11 Tongzhi Wu, et al. "Artificial sweeteners have no effect on gastric emptying, glucagon-like peptide-1, or glycemia after oral glucose in healthy humans," *Diabetes Care* vol.36, no.12, 2013.

12 Kevin D. Hall, et al. "Calorie for calorie, dietary fat restriction results in more body fat loss than carbohydrate restriction in people with obesity," *Cell Metabolism* vol.22, no.3, 2015.

13 Lydia Bazzano, et al. "Effects of low-carbohydrate and low-fat diets: a randomized trial," *Annals of Internal Medicine* vol.161, no.5, 2014.

7장 식품 정보에 속지 않는 법

1 「언론의 김연아 장사, 도가 지나쳐」, 노컷뉴스 2014.3.14.

2 「신뢰도 평가 14: 美 야후 "소치 점수조작, ISU가 1년전부터 공작", 믿을 수 없음」, 슬로우뉴스 2014.3.3.

3 『슈거 블루스』(북라인 2006)에서 저자 윌리엄 더프티는 설탕이 아편보다 나쁘고 방사선 낙진보다 더 위험하다고 주장했다.

4 골관절염 통증 완화제로 사용되던 글루코사민은 수년 전부터 지속적으로 그 효능에 대한 문제가 제기되어 2012년 3월부터 우리나라 건강보험 적용 대상에서 제외되었다.

5 Dunstan D.W., et al. "Television viewing time and mortality: the Australian Diabetes, Obesity and Lifestyle Study(AusDiab)", *Circulation* vol.121, no.3, 2010.

6 Nagel G., et al. "Effect of diet on asthma and allergic sensitisation in the International Study on Allergies and Asthma in Childhood(ISAAC)" *Thorax* vol.65, no.6, 2010.

7 이건호 「국내 식품위해 사건 사례와 리스크 커뮤니케이션의 발전 방향」, 『한국식품위생안전성학회』(Safe Food) 2권 2호, 33~42면, 2007.

8 하지만 공업용 우지 파동 때문에 삼양라면이 농심에게 역전당하고, 라면 시장 1위를 내줬다는 것은 사실이 아니다. 농심은 공업용 우지 파동이 벌어지기 3년 전인 1986년에 이미 국내 판매량 1위 자리에 올라섰다. 다만 삼양라면이 한동안 재기하기 힘들 정도로 타격을 받고 시장에서 고전한 것은 사실이다.

9 Collings, V.B. "Human Taste Response as a Function of Locus of Stimulation on the Tongue and Soft Palate," *Perception & Psychophysics* vol.16, 1974.

10 이원 외 『대한의학협회지』 23권 4호, 329~34면, 1980.

11 Bruno Vellas, et al. "Long-term use of standardised ginkgo biloba extract for the prevention of Alzheimer's disease," *The Lancet Neurology* vol.11, no.1, 2012.

12 William I. Lane, Linda Comac, *Sharks Don't Get Cancer*, Avery 1992.

8장 식품 마케팅에 속지 않는 법

1 「설탕 대신 항암효과 있는 메이플시럽 어때요?」 헬스조선 2011.9.29.

2 Oh S., et al. "Synthesis and anti-cancer activity of covalent conjugates of artemisinin and a transferrin-receptor targeting peptide," *Cancer Lett* vol.274, no.1, 2009.

3 Robert Ho Man Kwok "Chinese restaurant syndrome," *The New England Journal of Medicine* Vol.18, no.14, 1968.

4 「해외서 인기 많은 커피믹스, 왜 수출이 안 될까」 비즈니스포스트 2014.10.5.

5 커피 크림을 '프림'이라고 많이 부르는데 프림은 상표명이고 크리머(creamer)가 맞는 표현이다.

6 이철호 『식품위생 사건백서 1』 고려대학교출판부 1997, 146면.

7 「천연감미료 스테비아 마켓 2020년 6억弗 육박」 약업신문 2015.2.25.

9장 식품 연구에 속지 않는 법

1 「"콜레스테롤 많은 음식 먹어도 된다" 미 정부 식사지침 개정」 중앙일보 2015.2.11.

2 Vlad, S.C., et al. "Glucosamine for pain in osteoarthritis: why do trial results differ?" *Arthritis Rheum* vol.56, no.7, 2007.

3 Simon Wandel, et al. "Effects of glucosamine, chondroitin, or placebo in patients with osteoarthritis of hip or knee: network meta-analysis," *BMJ* vol.341, no.c4675 2010.

4 Jatupon Kongtharvonskul, et al. "Efficacy and safety of glucosamine, diacerein, and NSAIDs in osteoarthritis knee: a systematic review and network meta-analysis," *European Journal of Medical Research* vol.20, no.1, 2015.

5 「미국 FDA, 가공식품에서 트랜스지방 퇴출 최종 결정」 연합뉴스 2015.6.17.

6 김기진 「원폭 70년, 유전성 논란은 여전히 '진행형'」 스토리펀딩 2015.10.16.

7 Gilles-Eric Séralini, et al. "Long term toxicity of a Roundup herbicide and a Roundup-tolerant genetically modified maize." *Food Chem Toxicol* vol.50, no.11, 2012.(retracted)

8 Irina V. Ermakova "GM soybeans—revisiting a controversial format." *Nature Biotechnology* vol.25, no.12, 2007.

9 「면역력 증진 식품과 신종 플루」 http://biotechnology.tistory.com/546에 추가적인 논의가 있습니다.

10 「삼성병원 의사, 예상 밖 최악 상황… 사이토카인 폭풍?」 한국일보 2015.6.11.

11 Lee I.M., Paffenbarger R.S. Jr. "Life is sweet: candy consumption and longevity." *BMJ* vol.317, no.7174, 1998.

12 Redelmeier D.A., Singh S.M. "Survival in Academy Award-winning actors and actresses." *Ann Intern Med* vol.134, no.10, 2001.

13 김정순 『역학원론』 신광출판사 2009(5판), 17면.

14 「"매워야 맛있지" 매운 음식, 비만 부른다」 SBS뉴스 2009.12.9.

15 Cameron E., Pauling L. "Supplemental ascorbate in the supportive treatment of cancer: Prolongation of survival times in terminal human cancer." *Proceedings of the National Academy of Sciences of the USA* vol.73, no.10, 1976.

16 Hoover D.W., Milich R. "Effects of sugar ingestion expectancies on mother-child interactions." *Journal of Abnormal Child Psychology* vol.22, 1994.

17 "Miracle foods: a special report." NHS 2011.2.1.

18 「비타민 효과 '갑론을박'… 칼슘제 되레 '혈관에 독'」 경향신문 2015.7.31.

19 다섯 건의 반론과 코멘트를 보고 싶다면 다음 링크를 참조하라. http://www.ncbi.nlm.nih.gov/pubmed/22493407

20 「건강기능식품, 믿습니까?」 경향신문 2015.7.31.

21 Myung S.K., et al. "Efficacy of vitamin and antioxidant supplements in prevention of cardiovascular disease: systematic review and meta-analysis of randomised controlled trials." *BMJ* vol.346, 2013.

22 한국식품안전관리인증원, 「해썹이란?」(https://www.haccpkorea.or.kr/pr/intro/definition.do).

솔직한 식품
식품학자가 말하는 과학적으로 먹고 살기

초판 1쇄 발행/2017년 3월 20일
초판 6쇄 발행/2024년 5월 17일

지은이/이한승
펴낸이/염종선
책임편집/최지수
조판/박지현
펴낸곳/(주)창비
등록/1986년 8월 5일 제85호
주소/10881 경기도 파주시 회동길 184
전화/031-955-3333
팩시밀리/영업 031-955-3399 편집 031-955-3400
홈페이지/www.changbi.com
전자우편/nonfic@changbi.com

ⓒ 이한승 2017
ISBN 978-89-364-7347-1 03400